3訂版

新規農業参入の手続と農地所有適格法人の設立・運営

行政書士 田中康晃 著

日本法令®

はじめに

平成21年12月15日に、企業の農業参入の要件緩和など「平成の農地改革」とも呼ばれる新農地法が施行され、その1年後の平成22年12月に本書の第1版にあたる「企業のための農業参入の手続と申請書類作成の実務」、平成26年5月には、第2版「新規農業参入の手続と農業生産法人の設立・運営」、平成28年5月には、第3版「改訂版　新規農業参入の手続と農地所有適格法人の設立・運営」を発行させていただきました。

このようななか、農業界では、法改正とともに企業の新規参入がますます増え、参入した企業の数は平成30年12月末で3,286法人にまで達しました。改正前の約5倍のペースで増加しています。

また、企業だけでなく個人の新規就農についても、平成24年度より、45歳未満（2019年度より50歳未満）の新規就農者に対して給付金が支給される「青年就農給付金制度（現：農業次世代人材資金）」が開始され、平成24年度の農業外からの新規就農者は前年の2,100人に対し3,010人、平成30年度は3,240人となり、なかでも若年層の新規就農者の増加が顕著にみられました。

さらには、従来からある農業（農作物の生産販売＝第一次産業）だけにとどまらず、加工販売、レストラン、サービス業等を含めた、いわゆる農業の6次産業化も進み、法制度面でも、平成22年の6次産業化法施行、平成24年の6次産業化ファンド法の施行など、各種の支援策も創設されました（令和元年12月27日現在の6次産業化事業認定数累計2,510件）。

加えて、平成28年4月より、農地を所有できる農業生産法人が農地所有適格法人へと名称が変わり、その要件も大幅に緩和され、特に出資規制が緩和されることで、6次産業化を含めた農業ビジネス事業体の出現、増加が見込まれます。このように、今、農業を取り巻く環境は大きく変わりつつあります。

ところで、農地・農業に関する法制度体系は、複雑でわかりにくく、情報も限られています。このことが、新規に農業参入したいと考える企業の方、個人の方にとっても、まだまだ大きな障害になっているとも感じます。

本書では、今後ますます増えるであろう農業参入について、第１版、第２版、第３版の内容を最新の法令にあわせて修正するとともに、主に法制度面から農業参入後の運営・経営にも役立てていただけるよう、認定農業者制度、６次産業化法、農薬取締法、食品衛生法、有機JAS制度等についても言及しています。

農業参入を考える企業担当者の方、個人で新規就農を目指す方はもちろん、これらの手続きを行う専門家、申請を受ける官公署関係の方にもご活用いただけるよう、根拠条文、根拠通知等の提示に心がけ、各種書式も多数掲載しております。

本書により、農業参入、新規就農が適切に進み、皆さま方の経営の発展、地域の発展、ひいては日本農業の発展の一助になりましたら幸いです。

令和２年４月

行政書士　田中康晃

Contents

第１節　農地法に関する基礎知識

第２節　農地所有適格法人に関する基礎知識

第３節　平成 21 年改正農地法に関する基礎知識（農地所有適格法人以外の法人による農地賃借規制の緩和）

第４節　役所・官公署に関する基礎知識

第２章　農業参入手続の実践

第１節　農業参入の３つの方法

第2節　新規に法人を設立して農業参入する方法

第3節　既存の法人を農地所有適格法人化する方法

第4節　平成21年改正農地法を活用して農業参入する方法

第３章　農業法人の運営

第１節　農業参入後の法手続

第２節　認定農業者

第３節　農業の６次産業化

第４節　農薬に関する基礎知識

第５節　有機 JAS 制度

序　章

農業を取り巻く最近の動向

本書は、農業参入に関する書籍ですので、主として「これから農業を始めよう」とお考えの方に向けて、その手続きと運営等について解説をさせていただいております。本題である「農業参入手続」については、第１章以降に詳しく解説させていただくとして、まず、あらためて皆さまが取り組もうと考えている新規農業参入の現状について、解説していきたいと思います。

1 新規就農者の推移

1 農外からの新規農業参入企業の増加

平成 21 年に農地法の改正があり、企業（法人）の農業参入のハードルが大きく下がりました。これ以降、平成 22 年 1 月～平成 30 年 12 月の間に、3,286 社もの企業（法人）が、新たに農業を始め、地域の農業の担い手としても、着実に広がり、定着しつつあります。

ちなみに改正前の企業（法人）の参入数は平成 15 年 4 月～平成 21 年 12 月までで 427 社と、改正後の増加が顕著にみられます。

●一般法人の農業参入の動向（農林水産省のホームページより）

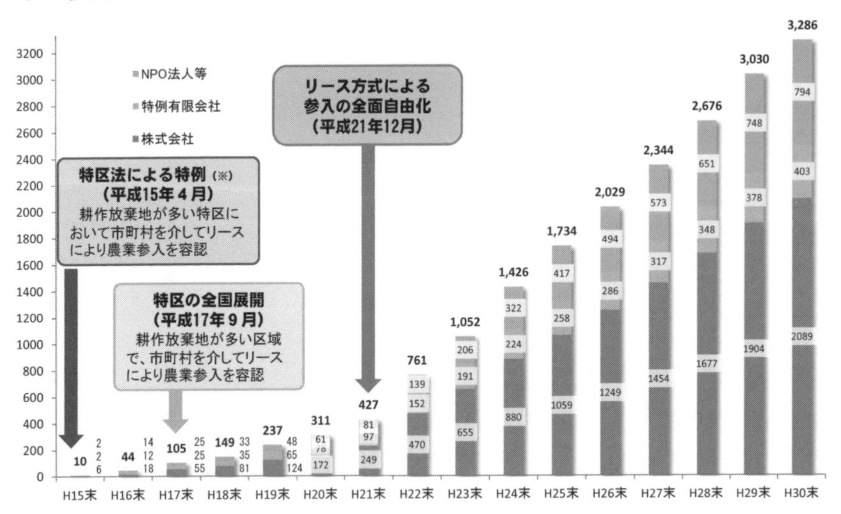

●一般法人の農業参入数（都道府県別）

平成 30 年 12 月末現在

ブロック	都道府県	参入数	
北海道	北海道	107	107
東北	青森県	71	337
	岩手県	48	
	宮城県	43	
	秋田県	28	
	山形県	61	
	福島県	86	
関東	茨城県	77	986
	栃木県	37	
	群馬県	86	
	埼玉県	154	
	千葉県	54	
	東京都	19	
	神奈川県	81	
	山梨県	148	
	長野県	157	
	静岡県	173	
北陸	新潟県	85	175
	富山県	20	
	石川県	42	
	福井県	28	
東海	岐阜県	94	287
	愛知県	109	
	三重県	84	
近畿	滋賀県	28	449
	京都府	84	
	大阪府	55	
	兵庫県	197	
	奈良県	38	
	和歌山県	47	
中国四国	鳥取県	68	564
	島根県	56	
	岡山県	104	
	広島県	106	
	山口県	48	
	徳島県	26	
	香川県	36	
	愛媛県	60	
	高知県	60	
九州	福岡県	68	342
	佐賀県	20	
	長崎県	30	
	熊本県	91	
	大分県	45	
	宮崎県	26	
	鹿児島県	62	
沖縄	沖縄県	39	39
合計	合 計	3,286	

資料：農林水産省経営局調べ

2 農外からの若年新規参入者数の増加（個人）

平成24年より、45歳未満（2019年度より50歳未満）の新規就農者に対して、給付金が支給される「青年就農給付金制度（現：農業次世代人材資金）」が始まりました。この制度には、「準備型」「経営開始型」と呼ばれる2つのタイプがあり、どちらも独立自営就農をする事等を条件に、研修期間最大2年（準備型）、就農後最大5年（経営開始型）の最大計7年間にわたり、年間最大150万円の給付金が支給されるものです。

雇用、新規自営、新規参入者を含む、すべての新規就農者数は、平成19年73,460人、平成30年55,810人となっていますが、これを新規参

●新規就農者数

単位：人

区分	計		就農形態別					
			新規自営農業就農者		新規雇用就農者		新規参入者	
		49歳以下		49歳以下		49歳以下		49歳以下
平成19年	73,460	21,050	64,420	14,850	7,290	5,380	1,750	820
20	60,000	19,840	49,640	12,020	8,400	6,960	1,960	860
21	66,820	20,040	57,400	13,240	7,570	5,870	1,850	930
22	54,570	17,970	44,800	10,910	8,040	6,120	1,730	940
23	58,120	18,600	47,100	10,460	8,920	6,960	2,100	1,180
24	56,480	19,280	44,980	10,540	8,490	6,570	3,010	2,170
25	50,810	17,940	40,370	10,090	7,540	5,800	2,900	2,050
26	57,650	21,860	46,340	13,240	7,650	5,960	3,660	2,650
27	65,030	23,030	51,020	12,530	10,430	7,980	3,570	2,520
28	60,150	22,050	46,040	11,410	10,680	8,170	3,440	2,470
29	55,670	20,760	41,520	10,090	10,520	7,960	3,640	2,710
30	55,810	19,290	42,750	9,870	9,820	7,060	3,240	2,360

農林水産省統計 「平成30年新規就農者調査」

※1 農家世帯員で調査期日前1年間の生活の主な状態が「学生」から「自営農業への従事が主」になった者および「他に雇われて勤務が主」から「自営農業への従事が主」になった者

※2 調査期日前1年間に土地や資金を独自に調達（相続・贈与等により親の農地を譲り受けた場合を除く）し、新たに農業経営を開始した経営の責任者

入者でみると、1,750人から3,240人へと大きく増加しており、中でも若年層の増加が顕著にみられます（前ページ、下記図表参照）。

これまでの新規就農者は、ほとんどが農家の子息（新規自営就農者）でしたが、農家出身ではない農外からの就農者（新規参入者）の割合も、少しずつ大きくなってきています。今後もこの傾向は続くものと思われます。

●49歳以下の新規就農者数の推移（就農形態別）

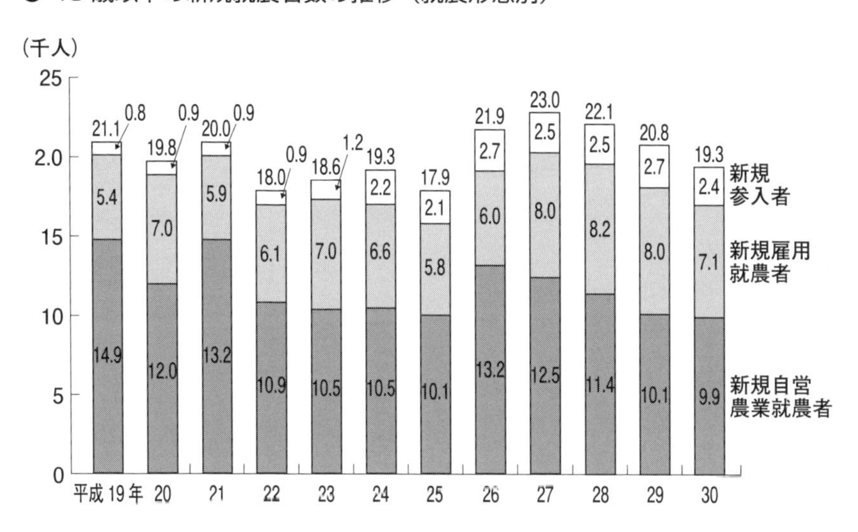

●年齢別新規参入者数

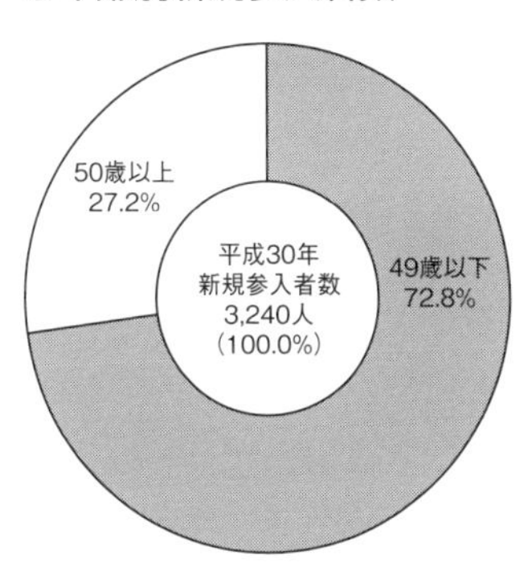

●新規参入者数

単位：人

区分	計			経営の責任者・共同経営者		男女別	
		49 歳以下	44 歳以下	経営の責任者	共同経営者	男	女
平成 29 年	3,640	2,710	2,410	3,070	570	2,970	650
30	3,240	2,360	2,100	2,850	390	2,680	560
増減率（%）	△11.0	△12.9	△12.9	△7.2	△31.6	△9.8	△15.2
構成比（%）							
平成 29 年	100.0	74.5	66.2	84.3	15.7	81.6	18.1
30	100.0	72.8	64.8	88.0	12.0	82.7	17.3

注：平成 26 年調査から、新規参入者には、従来の「経営の責任者」に加え、新たに「共同経営者」を含む。

以上、農林水産省統計「平成 30 年新規就農者調査」

その他の農業に関する動向

1 農業の6次産業化の動き

平成22年12月3日「地域資源を活用した農林漁業者等による新事業の創出等及び地域の農林水産物の利用促進に関する法律」(6次産業化・地産地消法）が公布され、これを受け、農業の6次産業化への取組みが盛んになってきています（次ページ図表参照)。

現在、6次産業化による農家（企業も含む）の収益向上や地方の雇用拡大が期待されており、国、県、市などの自治体からの支援も多く、取組みのための環境は整いつつあります（詳しくは第3章で解説)。

●6次産業化・地産地消法に基づく事業計画の認定の概要（累計：令和元年12月27日現在、農林水産省のホームページより）

1．地域別の認定件数

地域	総合化事業計画の認定件数				研究開発・成果利用事業計画の認定件数
		うち農畜産物関係	うち林産物関係	うち水産物関係	
北海道	155	146	3	6	1
東北	372	336	12	24	4
関東	426	386	18	22	11
北陸	124	118	2	4	1
東海	231	199	14	18	0
近畿	386	351	13	22	3
中国四国	309	255	12	42	2
九州	448	376	28	44	5
沖縄	59	53	1	5	0
合計	2,510	2,220	103	187	27

2．総合化事業計画に認定件数の多い都道府県

（件数）

北海道	155
兵庫県	116
宮崎県	112
長野県	98
熊本県	88

3．総合化事業計画の事業内容の割合

（%）

加工	18.6
直売	3.0
輸出	0.4
レストラン	0.4
加工・直売	68.7
加工・直売・レストラン	6.9
加工・直売・輸出	2.0

4．総合化事業計画の対象農林水産物の割合

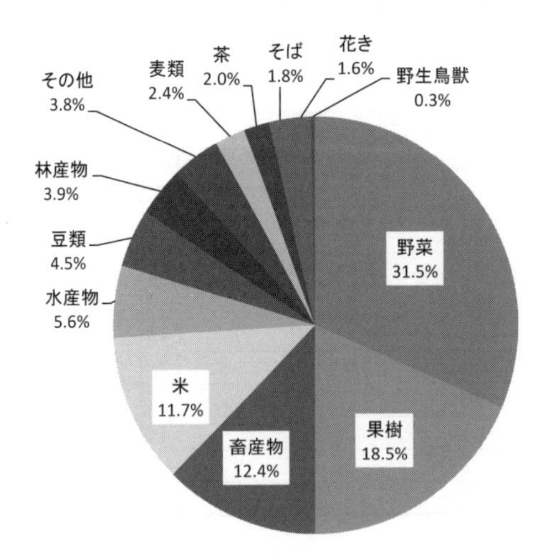

※複数の農林水産物を対象としている総合化事業計画についてはすべてをカウントした。

2 国家戦略特区

国家戦略特区とは、国が特区内において規制改革をすすめ特区をモデル地域として指定するもので、農業においては兵庫県養父市等がモデル地域として指定されています。

国家戦略特区の動向は、今後の法制度の動向を予測するにあたっての一つの指針にもなることから、農業の将来を見るには養父市等の動向は注目すべきです。

現在、養父市では以下のように農地法の規制が大幅に緩和されています。

(1) 農業委員会と市町村の事務分担

養父市と農業委員会の同意に基づき、養父市内全域の農地について、農地法３条１項本文に掲げる権利の設定または移転に係る農業委員会の事務の全部を養父市長が行うこととされています。

(2) 農地所有適格法人（旧農業生産法人）の要件緩和

役員の過半が農業の常時従事者でかつその過半が農作業に従事するという要件だったものを、農作業に従事する役員が一人いれば、農地所有適格法人（旧農業生産法人）と同様の扱いとするものです。

これは本書にも記載しましたが、平成 28 年４月の法改正で特区にかかわらず全国展開されることとなりました。

(3) 農家レストランの農用地区域内設置容認

同一市町内で生産される農畜産物またはそれを原材料として製造加工したものの提供を行う農家レストランについて、農業用施設として、農業者が農用地区域内に設置することを可能とするものです。

さらに今後の提案としては、農地所有適格法人（旧農業生産法人）のさらなる要件緩和として、

①農業者以外の議決権を 1/2 以上にする

②農業以外の売上高が1/2以上でも認める
等が挙がっています。

これら特例を活用して、令和元年9月現在、養父市では、24の事業者が認定事業者となっています。今後の動向に注目です。

第1章

農業参入手続の基礎知識

農業参入への第一歩 ～農業を始める前にまず必要なこと

1 事業プランを立てる

「農業を始めよう！」と考えたとき、まず、メンバーはどうするか（人）、機械設備はどうするか（もの）、資金はいくら必要か（お金）を中心に事業プランを検討します。農業も当然、事業ですので、これら経営資源を中心に検討を進めるのは、他の事業を開始するときと何ら変わるところはありません。

しかし、農業はトラクター等の農業機械、農業施設、場合によっては加工施設、出荷倉庫等、案外初期投資が多く必要となります。加えて、基本的には農作物を生産し販売して収益を得る業種ですので、農作物ができて販売できるまで、売上が見込めない期間も出てきます。

特に農業技術が十分でない新規農業参入者の場合、作物にもよりますが、少なくとも半年以上の期間はみておく必要があります。その間の人件費、経費も初期費用としてみておく必要があります。場合によっては新たな人員の確保も必要になってくるかもしれません。

もちろん、できるだけ出費を抑え「自己資金ゼロで就農し、すべて一人で営農している」といったケースも耳にします。やり方によっては可能かもしれません。しかし、ビジネスとして農業参入を考えた場合、当然、効率性、収益性も考慮しなければなりません。場合によっては雇用を生み出す役割を担わなければならないかもしれません。このように考えると、初期投資、初期費用に関しても、ある程度、避けることはできないのではないでしょうか。

また、農業は事業の性質上、その地域の農地を使って事業を行います。いわば地域に根差した産業です。したがって、参入時も参入後も、地域の理解・同意や協力は欠かすことができません。さらには厳しい法規制をクリアした上での許認可取得も必要になってきます。

これらの資金調達、地域の理解・同意、協力、許認可取得のためには、必ず事業プランの説明が必要になってきます。つまり、新規農業参入においては、事業内容を第三者に説明する機会が案外多いのです。

その意味でも、農業は、他の事業を始める場合と比べて、より綿密にプランニングしていくことが大切になってきます。もちろん第三者への説明のために事業プランを作るものではないのですが、第三者を意識して事業プランを作ることは、事業参入の検討や事業遂行においても大いに役立つものになります。

まずは、しっかりとした事業プランを立てることが農業参入への第一歩となります。

2 作物を選ぶ

農業は作物により栽培方法はもちろん、必要になる機械・施設、労働力、資金等も大きく異なってきます。途中で作物を変えることも可能ですが、余計な機械・施設が必要になるなど、ロスが発生してしまうことも想定されます。営農計画にも大きく影響してきますので、作物選びは慎重に行ってください。

以下、野菜農業の分類、作物と栽培環境、代表的な作物の営農の傾向を示しておきますので、参考にしてみてください。

●野菜農業の分類

◎およその農業スタイルは３つの要素の掛け合わせで決まる

作物

葉茎菜類
（ヨウケイサイルイ）
ホウレンソウ
葉ネギ
キャベツ　等

果菜類
トマト
ピーマン
きゅうり　等

根菜類
大根
人参
ゴボウ　等

自分自身の選択
気候・風土

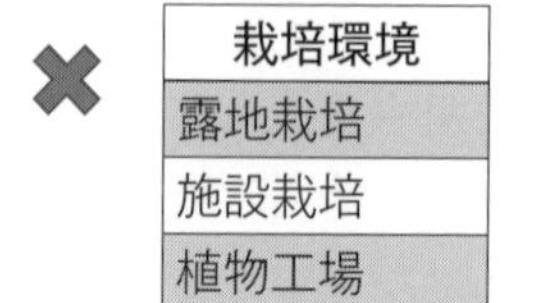

選ぶ作物によって
ほぼ決まってくる

×

栽培法

無肥料無農薬栽培法
有機栽培法
慣行栽培法

自分自身の選択

（例）
トマト　→　施設栽培　→　慣行栽培法
人参　→　露地栽培　→　有機栽培法

●作物と栽培環境

	作物	作業環境
葉茎菜類	ホウレンソウ 小松菜 チンゲン菜 葉ネギ レタス	施設栽培 植物工場 （露地栽培）
	玉ねぎ アスパラガス キャベツ ブロッコリ	露地栽培
果菜類	トマト いちご	施設栽培 植物工場
	ピーマン パプリカ ナス きゅうり	施設栽培 植物工場 露地栽培
根菜類	大根 人参 ゴボウ	露地栽培

●キャベツ等露地栽培

◎大規模農場（ヘクタール規模）で、大型機械を使った大量生産農家が多い

●トマト等施設栽培

◎中小集約型で、パイプハウス等を使い、トマト、いちご、葉物などを周年栽培する農家が多い

◎中には高度にシステム化された大規模施設で大量生産を行う農家もいる（企業的）

●水耕栽培などのシステム化された農業

◎マニュアル化されたシステムを活用して、安定大量生産を行う農家が多い（企業的）

3 農地確保

農業を始めるには、当然、農地を確保しなければなりません。農地の目途が付かなければ、農地を探すところから始めなければなりません。しかし、農地は一般の不動産のように、不動産屋さんで仲介してくれるものでもなく、情報も限られています。

国や自治体など、一部では、農地情報を集積し開示するよう進めているところもありますが、まだまだ不十分です。したがって、基本的には、知人や地域のツテ等で地道に、地主さんを探し、使わせてもらえる（買う、借りる等）ように交渉していくしかありません。

まれに、役所でも善意で農地を紹介してくれる場合もありますが、基本的に農地は個人財産になりますので、役所等の公の機関が介入できる性質のものではありません（国有地や都道府県有地など、公の機関が管理している農地がある場合は可能性はあります）。

そして、農地が見つかったら、農地に合わせて事業プランの修正や契約条件の詰め等を行います。

これでようやく次の許可申請手続へと進むことができますが、新規農業参入において、この農地確保の問題は、とても大きな障害になっています。実際に、筆者も農地探しの協力を行ったことがありますが、大変な時間と労力を要するものです。

耕作放棄農地の拡大や後継者不足が叫ばれるなか、新規に農業を始めたいと意欲を持つ人、企業がスムーズに農業参入できるようにすることは、緊急の課題です。

農地については、平成25年に国は農地の出し手と借り手をつなぐため、農地中間管理機構（農地集積バンク）を各都道府県に設立しました。今後の取組みに注目すべきところです。

4 農地法の許可手続

農地が見つかり、はじめて農地法の許可手続に入ることができます。そして、農地法の許可取得のためには、地域の理解、協力は欠かせません。詳しくは後述しますが、農地の権利移転のための農地法第3条第1項の許可要件の中に「地域との調和要件」という要件もあります。

もちろん、許可取得のためだけに地域との調和が必要になるのではなく、農業参入後の営農を継続していくためにも、地域の協力は欠かすことができません。

農業事業は、「地域の農地を必要とする」というある種、他の産業にはない特性があります。この特性を理解し進めていくことは、農業参入手続においても参入後の営農においても、とても大切なことになります。

なお、本節の詳しい内容は、第2章「農業参入手続の実践」で解説していきます。

1 農地法に関する基礎知識

1 農地法の許可とは？

ここから、本書の本題の農業参入手続について必要となる法令基礎知識の解説をしていきます。基礎的な事柄ですが、手続きを進めるに際し、最低限知っておきたい各種法令、規則、通知（下記用語解説参照）等を中心に解説していきます。

第２章の「農業参入手続の実践」で、手続きを進める際に、必ず必要となる知識となります。ここで、しっかりと確認しておいてください。

それでは、まずは農地法に関する基礎知識に入ります。

農地は、所有権を移転したり、賃借権を設定したりする行為（農地売買、賃借等）が、法律（農地法）により規制されており、農地法上の許

用語解説 通　　知

上級行政機関から下級行政機関に対して発せられる、行政内部における各種法令についての解釈運用基準の事です。通常、行政機関は、これに従って法手続を進めて行くことになります。

下級行政機関は、これに従う義務があるとされています。つまり、農林水産事務次官通知に関して、地方農政局には従う義務が発生します。一方、国と地方公共団体は対等関係のため、従う義務はありませんが、通常、これに従って運用されています。

農地法に関する法手続については、多くの通知が出されており、通知を押さえておくことは、法令規則と同様、手続きを進めるに際して、大変重要なことになります。

可を得なければ、その効果が発生しません。つまり、**許可を得なければ、農地を買うことも借りることもできない**ことになっています。

本許可制については、以下の農地法に定めがあります。

農地法第3条第1項（抜粋）

農地又は採草放牧地について所有権を移転し、又は地上権、永小作権、質権、使用貸借による権利、賃借権若しくはその他の使用及び収益を目的とする権利を設定し、若しくは移転する場合には、政令で定めるところにより、当事者が農業委員会の許可を受けなければならない。

（以下省略）

中には許可を得ずに当事者の合意のみで農地の貸し借りをしている場合もありますが、これは、農地法違反行為となります。

ちなみに、農地法の許可（農地法第3条第1項の許可）を得ずに行う行為に対しては、「3年以下の懲役又は300万円以下の罰金」という非常に重い罰則規定もあります。

さらに、違反農地転用（次ページ用語解説参照）（農地法第4条第1項、第5条第1項違反）に関しては、平成21年12月の法改正により、法人に対する罰金額が300万円から1億円へと、大幅に引き上げられていますので、十分に注意してください。

農地法第64条（抜粋）

次の各号のいずれかに該当する者は、3年以下の懲役又は300万円以下の罰金に処する。

1　第3条第1項、第4条第1項、第5条第1項又は第18条第1項の規定に違反した者

2　偽りその他不正の手段により、第3条第1項、第4条第1項、第5条第1項又は第18条第1項の許可を受けた者

（以下省略）

農地法第 67 条

法人の代表者又は法人若しくは人の代理人、使用人その他の従業者が、その法人又は人の業務又は財産に関し、次の各号に掲げる規定の違反行為をしたときは、行為者を罰するほか、その法人に対して当該各号に定める罰金刑を、その人に対して各本条の罰金刑を科する。

1 第 64 条第 1 号若しくは第 2 号（これら規定中第 4 条第 1 項又は第 5 条第 1 項に係る部分に限る。）又は第 3 号　1 億円以下の罰金刑

2 第 64 条（前号に係る部分は除く。）又は前 2 条 各本条の罰金刑

用語解説　**違反農地転用**

農地転用とは、農地を農地以外のものにする事実行為を指し、例えば、農地を住宅地、駐車場、資材置場、道路等にする行為などをいいます。そして、農地転用を行う場合、農地法第 4 条第 1 項、第 5 条第 1 項の許可（もしくは届出）を得ることが必要になります。

・「農地を農地以外のものにする者は、都道府県知事の許可を受けなければならない」（農地法第 4 条第 1 項）
・「農地を農地以外のものにするため又は採草放牧地を採草放牧地以外のものにするため、これらの土地について第 3 条第 1 項本文に掲げる権利を設定し、又は移転する場合には、当事者が都道府県知事の許可を受けなければならない」（農地法第 5 条第 1 項）

2 農地とはどのような土地のことをいうのか？

農地法で規制されているのは、「農地」の権利に関する行為です。農地を使わずに行う植物工場や養豚、農作物の仕入れ販売などは規制されておらず農地法上の許可は不要となります（ただし、他の法令での規制がある場合はあります）。

では、規制の対象となる「農地」とは、どのような土地のことをいうのでしょうか。以下で、関係する法令や通知で確認しておきます。

農地法第2条第1項

この法律で「農地」とは、耕作の目的に供される土地をいい、「採草放牧地」とは、農地以外の土地で、主として耕作又は養畜の事業のための採草又は家畜の放牧の目的に供されるものをいう。

平成12年6月1日　12構改B404　農地法関係事務に係る処理基準について　第1（抜粋）

⑴　①……「耕作」とは土地に労費を加え肥培管理を行って作物を栽培することをいい、「耕作の目的に供される土地」には、現に耕作されている土地のほか、現在は耕作されていなくても　耕作しようとすればいつでも耕作できるような、すなわち客観的に見てその現状が耕作の目的に供されるものと認められる土地（休耕地、不耕作地等）も含まれる。

（中略）

⑵　……農地等に該当するかは、その土地の現況によって判断するのであって、土地の登記簿の地目によって判断してはならない。

農地とは、単純に登記簿などで判断するものではなく、現在の土地の状態を見て判断されます。そして、当然、その判断は、各自が自由に行えるものではなく、農地法上の許可権限を持つ農業委員会が行います。

したがって、「農地なのか農地ではないのか？」判断に迷うときは、自分で判断するのではなく、農業委員会への確認が必要になります。

また、前ページの平成12年6月1日の通知は、判断基準として実務上よく使われます。つまり、農地とは「耕作しようとすればいつでも耕作できるような土地」のことです。現状は、休耕地や不耕作地でも「すぐに耕作できる土地」と認められれば、農地ということになります。

具体的な判断は個別判断となりますが、例えば、一時的に多少雑草が茂っている程度の土地であれば、トラクターを入れれば、すぐに耕作が可能ですから、通常、農地という扱いになります。

少し話はそれますが、温室等を利用する施設園芸用地等の取扱いについては、さらに41ページの通知により判断基準が示されています。

例えば、農地上をコンクリート等で地固めする場合、農地に該当しませんが、ビニールシートなどを敷設して、その上に簡易な棚を置き、ポットで栽培するような場合は、農地に該当するとされています（したがって、農地上にコンクリート等で地固めして、施設を建設するような場合には、通常、農地転用の許可が必要となります）。

平成30年11月16日施行の農地法一部改正により、農業用ハウス等の施設を農地に設置するに当たってあらかじめ農業委員会へ届出を行った場合には、底面を全面コンクリート張りとした場合でも農地転用には該当しないこととなりました（農地法第43条、44条）。なお、設置する施設が「農作物栽培高度化施設」の基準を満たしていることが必要です（次ページ参照）。

平成30年11月20日30経営第1796号「農地法第43条及び第44条の運用について」の制定について

第１　法第43条第１項の規定による届出に係る同条第２項に規定する農作物栽培高度化施設の用に供される土地への農地法の適用について

農地法（昭和27年法律第229号。以下「法」という。）第43条第１項の規定による届出に係る同条第２項に規定する農作物栽培高度化施設（以下「農作物栽培高度化施設」という。）の用に供される土地（以下「高度化施設用地」という。）については、当該農作物栽培高度化施設において行われる農作物の栽培を耕作に該当するものとみなして、法の全ての規定が適用される。

第２　農作物栽培高度化施設の基準について

１　農地法施行規則（昭和27年農林省令第79号。以下「則」という。）第88条の３第１号の判断基準

⑴「専ら農作物の栽培の用に供されるものであること」について、一律の基準は設けないが、施設内における農作物の栽培と関連性のないスペースが広いなど、一般的な農業用ハウスと比較して適正なものとなっていない場合には要件を満たさないと判断される。

⑵　農業委員会は、農作物栽培高度化施設が、専ら農作物の栽培の用に供されることを担保するため、則第88条の２第２項第６号イに規定する書面を提出する必要があることを、届出者（既に当該施設が設置されている高度化施設用地について、第３条第１項に掲げる権利を取得する場合には、当該土地の権利取得者。以下同じ。）に通知すること。

⑶　なお、農業委員会は、則第88条の２第２項第５号に規定する営農に関する計画（以下「営農計画書」という。）に記載された生産量と販売量を確認し、届出に係る施設の規模が一般的な農作物の栽培に係る施設の規模と比べて実態に即したものとなっていないと考えられる場合

には、当該施設における営農継続を担保する観点から、必要に応じて、施設を適切な規模に見直すよう届出者に助言することが適当である。適切な規模となっているかどうかの判断に迷うときには、都道府県機構（農業委員会等に関する法律（昭和26年法律第88号）第43条第1項に規定する都道府県機構をいう。）を通じて、都道府県等の施設園芸関係部局に助言を求めることが適当である。

この際、地方公共団体その他の関係者は、同法第54条に基づき、都道府県機構から必要な協力を求められた場合には、これに応ずるように努めなければならないこととされていることに留意すること。

2　則第88条の3第2号の判断基準

(1)　同号イの判断基準

「農地法施行規則第88条の2第2項第4号及び第88条の3第2号イの農林水産大臣が定める施設の高さに関する基準（農林水産省告示第2551号。以下「告示」という。）」により、以下に留意して判断すること。

①　告示の2の「高さが8メートル以内」とは、施設の設置される敷地の地盤面（施設の設置に当たって概ね30cm以下の基礎を施工する場合には、当該基礎の上部をいう。以下この号において同じ。）から施設の棟までの高さが8メートル以内であることをいう。

　また、「軒の高さが6メートル以内」とは、施設の設置される敷地の地盤面から当該施設の軒までの高さが6メートル以内であることをいう。

②　告示の2の「透過性のないもの」とは、着色されたフィルムや木材板、コンクリートなど日光を透過しない素材をいう。

③　告示の2の「屋根又は壁面を覆う」とは、屋根や壁面について、柱、梁、窓枠、出入口を除いた部分の大部分の面積を被覆素材が覆っている状態をいう。

④　告示の2の「周辺の農地におおむね2時間以上日影を生じさせることのないもの」とは、当該施設の設置によって、周辺農地の地盤面に概ね2時間以上日影を生じさせないことをいい、判断に当たっ

ては次によるものとする。

農作物栽培高度化施設を設置するために、届出に係る土地に新たに施設を設置する場合にあっては、則第88条の2第2項第4号の規定による図面により、春分の日及び秋分の日の真太陽時による午前8時から午後4時までの間において2時間以上日影が生じる範囲に周辺農地が含まれていないことを確認することによって判断する。

既存の施設の底面をコンクリート等で覆うための届出が行われた場合にあっては、等時間日影図又は届出書に記載された当該施設の軒の高さと、施設の敷地と隣接（道路、水路、線路敷等を挟んで接する場合を含む。）する農地との敷地境界線から当該施設までの距離が、次に該当することを確認することによって判断する。

施設の軒の高さ	敷地境界線から当該施設までの距離
2m以内	2m
2m超　3m以内	2.5m
3m超　4m以内	3.5m
4m超　5m以内	4m
5m超　6m以内	5m

(2)　同号ロの判断基準

①　「その他周辺の農地に係る営農条件に著しい支障」とは、例えば、土砂の流出又は崩壊、雨水の流入等により、周辺農地の営農条件に著しい支障が生じる場合が想定される。

②　「必要な措置が講じられていること」とは、例えば、土砂の流出による周辺農地への支障が生じることが想定される場合には、それを防止するための擁壁の設置など、農作物栽培高度化施設の設置によって想定される周辺農地の営農条件に著しい支障が生じないよう必要な措置が講じられているかによって判断する。

なお、農作物栽培高度化施設が設置された後、周辺農地の営農条件に著しい支障が生じた場合において、当該支障を防除することが担保されるよう、届出者から、施設を設置することによって、周辺農地に著しい支障が生じた場合には適切な是正措置を講ずる旨の同意書の提出を求めること。

また、施設の設置によって、営農条件に著しい支障が生じるおそれがあると認められる場合には、当該支障を防止するための措置を講ずることを記載した書面の提出を求めた上で、支障を防止するために十分な措置となっているか判断すること。

（以下、省略）

平成14年4月1日　13経営6953　施設園芸用地等の取扱いについて

(別紙1)

1. 農地にあたるもの

説　　明	概　念　図
(例) ア　温室等を建築した場合でも、その敷地を直接耕作の目的に利用し、農作物を栽培している場合 イ　ビニール等比較的簡易な資材を敷設し、砂、礫等を入れて礫耕栽培等を行っている場合のように、土地と一体をなすとみられるような状態で農作物を栽培している場合 ウ　農地の形質変更行為を行わずに、鉢、ビニールポット、水耕栽培等を行う場合（簡易な棚の設置、シート等の敷設等を行って栽培を行う場合を含む。）	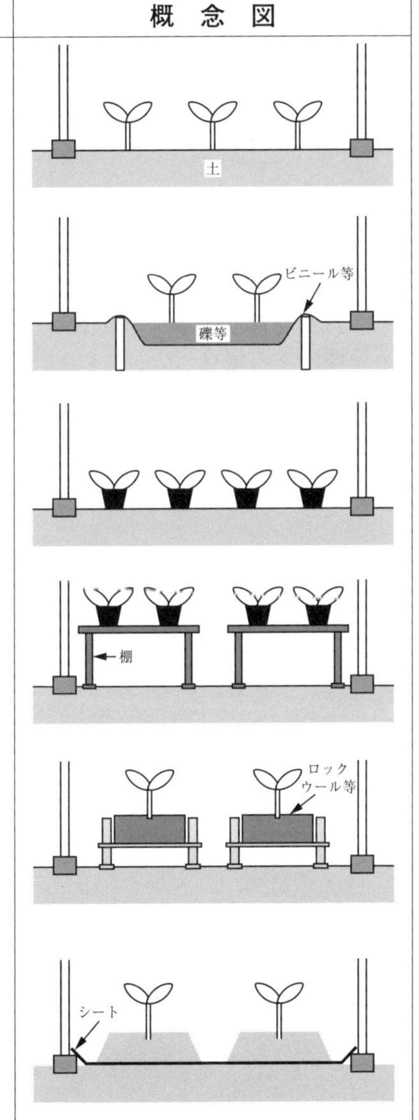

2. 農地にあたらないもの

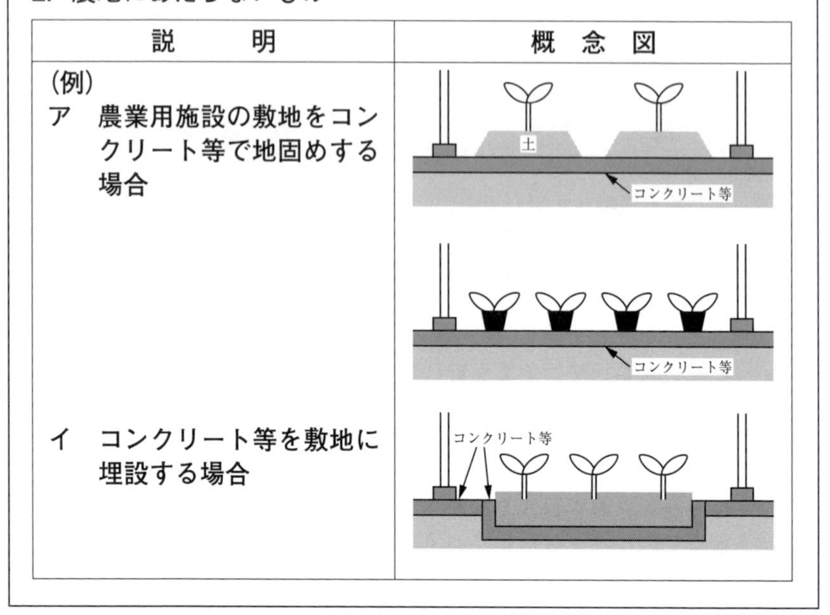

説　　明	概　念　図
（例） ア　農業用施設の敷地をコンクリート等で地固めする場合	
イ　コンクリート等を敷地に埋設する場合	

3 どこに許可を申請すればよいのか？

では、農地法上の許可申請は、どこにすればよいのでしょうか。農地の権利を移転、設定する場合の農地法上の許可をするかしないかの判断は、農業委員会（下記用語解説参照）が行います。したがって、「許可申請は農業委員会（事務局経由）へ行う」ということになります。

ここでいう農業委員会とは「地域の認定農業者等からなる会議体」のことをいい、原則一つの市町村に一つの農業委員会が置かれています。月１回程度の会議を行い申請案件を審査します。申請は、各市町村役場に常駐の事務局がありますので、そこが窓口となります。

用語解説　農業委員会

- 農業委員会は、市町村の必置の執行機関（独立行政委員会）であり、農地法等で定められた事項を処理します（農業委員会等関する法律第６条）。
- 一つの市町村に一つの農業委員会が置かれるのが原則です（農業委員会等関する法律第３条）。
- 農業委員会は農業委員と呼ばれる委員によって組織され、農業委員は原則、過半を認定農業者とし、農業者等の推薦公募による候補者の中から、議会の同意を得て市町村長が任命することとし、また、中立的立場で判断ができる農業者以外の利害関係のない者も１名以上入れることとされています。（平成 28 年４月改正）
- 意思決定は会議による議決において行われます。
- 農業委員は非常勤の特別公務員であるため、通常、常勤の事務局を置きます。事務局は一般職の地方公務員。

● 市町村農業委員会

許可を受けようとする者の住所がある市町村の区域内に対象の農地等がある場合、当該農地等のある市町村農業委員会が許可権限を有します。

地域の認定農業者等が農業委員となり申請案件を審査することになります。したがって申請においても、法令に従って行うことはもちろんのこと、地域の理解・協力を得ることも大事な要素となってきます。

なお、農業委員会については、第4節（86ページ）でも、解説します。

4 許可を得るために必要な条件（許可要件）

農地法の許可を得るための条件（許可要件）については、農地法第3条第2項に規定があり、以下の条件（許可要件）が定められています。すべての要件を満たさなければ許可がなされません。

⑴　全部効率利用要件

⑵　農地所有適格法人要件

⑶　農作業常時従事要件

⑷　下限面積要件

⑸　地域との調和要件

では、各要件について、個別にご説明していきます。

(1) 全部効率利用要件

農地法第3条第2項第1号

所有権、地上権、永小作権、質権、使用貸借による権利、賃借若しくはその他の使用及び収益を目的とする権利を取得しようとする者又はその世帯員等の耕作又は養畜の事業に必要な機械の所有の状況、農作業に従事する者の数等からみて、これらの者がその取得後において耕作又は養畜の事業に供すべき農地及び採草放牧地のすべてを効率的に利用して耕作又は養畜の事業を行うと認められない場合

本要件は、平成21年12月の農地法改正により追加修正されたもので「権利取得後の農地全部について効率的に農業を行うことができると認められること」とする要件です。

認められるかどうかの判断基準については、以下「農地法関係事務に係る処理基準について」の通知で示されており「経営規模や作付けする作目、機械の保有状況、農業に従事する人数・労働力、農業に関する技術など、総合的に勘案して判断する」とされています。

そして、機械については「所有するものだけではなく、リース契約で確保されているものや、今後確保すると見込まれるものも含む」、労働力については「今後確保すると見込まれるもの、雇用によるものも含む」、技術については「農作業従事者（雇用含む）の技術力や作業委託先の技術力（農作業を委託する場合）も勘案して判断する」とされてます。

また「いたずらに厳しく運用し、排他的な取扱いをしないこと」「硬直的な運用は厳に慎むべきであること」なども示されており、恣意的な運用がなされないよう注意されており、実績がない新規参入者にとっては、参入しやすくなったといえるでしょう。

ちなみに、新規の場合は、当然実績もなく「見込み」を示すしかないケースが多いことから、本要件を満たしていることを農業委員会に認め

てもらうため、特に「営農計画書」が大事なポイントとなってきます（詳しくは、第2章118ページで解説）。

平成12年6月1日　12構改B404　農地法関係事務に係る処理基準について　第3　3

⑵「効率的に利用して耕作又は養畜の事業を行う」と認められるかについては、近傍の自然的条件及び利用上の条件が類似している農地等の生産性と比較して判断する。この場合において、農地等の権利を取得しようとする者及び世帯員等の経営規模、作付作目等を踏まえ、次の要素等を総合的に勘案する。

①　機　械

リース契約により確保されているものや、今後確保すると見込まれるものも含む。

②　労働力

雇用によるものや、今後確保すると見込まれるものも含む。

③　技　術

農作業等に従事する者の技術をいう。なお、農作業の一部を外部に委託する場合には、委託先の農作業に関する技術も勘案する。

なお、権利を取得しようとする者の住所地から取得しようとする農地等までの距離で画一的に判断することは、今日では、権利を取得しようとする者以外の者の労働力も活用して農作業を行うことも多くなっていること、著しく交通が発達したこと等を踏まえ、適当ではない。

⑶　⑵の判断に当たっては、いたずらに厳しく運用し、排他的な取扱いをしないよう留意する。

例えば、新規就農について、農業高校を卒業しても研修を受けなければ必要な技術が確保されていると認めないとすること、まずは農地等を借りて実績を作らなければ所有権の取得は認めないとすること等の硬直的な運用は、厳に慎むべきである。

(2)　農地所有適格法人要件

農地法第３条第２項第２号
　農地所有適格法人以外の法人が前号に掲げる権利を取得しようとする場合

　法人（＝会社など）で農地法の許可を得ようとする場合、原則、農地法（農地法第２条第３項）で定められた条件（要件）をクリアした農地所有適格法人と呼ばれる法人以外は、許可を得ることができないとされています（農地所有適格法人については、詳しくは第２節で解説）。
　ただし、例外として、平成 21 年 12 月の農地法改正により、賃借権や使用貸借権による農地権利取得の場合に限り、農地所有適格法人以外の法人でも許可を得ることができるようになりました（詳しくは第３節で解説）。

(3)　農作業常時従事要件

農地法第３条第２項第４号
　第１号に掲げる権利を取得しようとする者（農地所有適格法人を除く。）又はその世帯員等が取得後において行う。耕作又は養畜の事業に必要な農作業に常時従事すると認められない場合

　許可を得ようとする者は農作業に常時従事しなければならないという要件で、「常時従事」とは、原則年間 150 日以上とされています。ただし、画一的に日数だけで判断されるものでもなく、地域の農業経営の状況や繁忙期の状況等を加味して判断するものとされています。
　なお、本要件の判断基準については、以下の通知により示されてます。

平成12年6月1日　12構改B404　農地法関係事務に係る処理基準について　第3　5

(1) 「耕作又は養畜の事業に必要な農作業」とは、当該地域における農業経営の実態からみて通常農業経営を行う者が自ら従事すると認められる農作業をいう。したがって、当該地域において農業協同組合その他の共同組織が主体となって処理することが一般的となっている農作業はこれに含まれないものとする。

(2) 権利取得者等の農地等についての法第3条第2項第1号に掲げる権利の取得後におけるその経営に係る農作業に従事する日数が年間150日以上である場合には「農作業に常時従事する」と認めるものとする。

また、当該農作業に要する日数が年間150日未満であっても、当該農作業を行う必要がある限り権利取得者等が当該農作業に従事していれば、「農作業に常時従事する」と認めるものとする。このことは、当該農作業を短期間に集中的に処理しなければならない時期において不足する労働力を権利取得者等以外の者に依存していても同様である。

ちなみに、本要件は個人で農地法の第3条第1項の許可を得ようとする場合の要件で、法人の場合は満たす必要はありません（法人の場合は、農地所有適格法人の要件のほうで審査されます）。

また、例外として、平成21年12月の農地法改正により、賃借権や使用貸借権による農地権利取得の場合に限り、農作業に常時従事する個人以外の個人でも許可を得ることができるようになりました（詳しくは第3節で解説）。

(4) 下限面積要件

農地法第3条第2項第5号

第1号に掲げる権利を取得しようとする者又はその世帯員等がその取得後において耕作の事業に供すべき農地の面積の合計及びその取得後において耕作又は養畜の事業に供すべき採草放牧地の面積の合計が、いずれも、北海道では2ヘクタール、都府県では50アール（農業委員会が、農林水産省令で定める基準に従い、市町村の区域の全部又は一部についてこれらの面積の範囲内で別段の面積を定め、農林水産省令で定めるところにより、これを公示したときは、その面積）に達しない場合

農地面積の要件であり、取得後の農地面積の合計が、本要件に掲げる面積を満たさない場合、許可を得ることはできません。したがって、まずは、本面積以上の農地を確保することが必要になります。

また、下限面積については、各農業委員会は地域の実情に合わせ、一定の基準の範囲内で別段に面積を定めることができるとされており、多くの市町村で下限面積が緩和されています。下限面積がわからない場合、該当の農地を管轄する農業委員会の事務局で確認をしてください。

一般に、農業経営を維持継続するために最低限必要になる面積ということで、この下限面積が設定されています。

ちなみに、農業においては、基準単位として10アールの面積がよく使われます。10アールは1,000m^2、およそ田1枚分になります。1反（たん）と呼ばれることもあります。つまり、50アールは10アールの5倍ですから、5,000m^{2}になります。

⑸　地域との調和要件

農地法第３条第２項第７号

第１号に掲げる権利を取得する者又はその世帯員等が取得後において行う耕作又は養畜の事業の内容並びにその農地又は採草放牧地の位置及び規模からみて、農地の集団化、農作業の効率化その他周辺の地域における農地又は採草放牧地の農業上の効率的かつ総合的な利用の確保に支障を生ずるおそれがあると認められる場合

これは平成21年12月の法改正で新たに追加された要件で、地域における農業の取組みを阻害するような権利取得を排除するために加えられました。

下記の「農地法関係事務に係る処理基準について」の通知の中に、不許可相当の例として具体例が示されています。原則、農業委員会は、処理基準に従って処理を行いますので、これに該当する場合には、許可を得ることは難しくなります。また、農業委員会、都道府県知事は、許可の判断にあたっては、現地調査を行うこととされています。

平成12年6月1日　12構改B404　農地法関係事務に係る処理基準について　第3　8

農業は周辺の自然環境等の影響を受けやすく、地域や集落で一体となって取り組まれていることも多い。このため、周辺の地域における農地等の農業上の効率的かつ総合的な利用の確保に支障を生ずるおそれがあると認められる場合には、許可することができないものとされている。法第３条第２項第７号に該当するかの判断に当たっては、法令の定めによるほか、次によるものとする。

⑴「周辺の地域における農地等の農業上の効率的かつ総合的な利用の確保に支障を生ずるおそれがあると認められる場合」とは、例えば、

①　既に集落営農や経営体により農地が面的にまとまった形で利用されている地域で、その利用を分断するような権利取得

② 地域の農業者が一体となって水利調整を行っているような地域で、この水利調整に参加しない営農が行われることにより、他の農業者の農業水利が阻害されるような権利取得
③ 無農薬や減農薬での付加価値の高い作物の栽培の取組が行われている地域で、農薬使用による栽培が行われることにより、地域でこれまで行われていた無農薬栽培等が事実上困難になるような権利取得
④ 集落が一体となって特定の品目を生産している地域で、その品目に係る共同防除等の営農活動に支障が生ずるおそれのある権利取得
⑤ 地域の実勢の借賃に比べて極端に高額な借賃で賃貸借契約が締結され、周辺の地域における農地の一般的な借賃の著しい引き上げをもたらすおそれのある権利取得
（以下省略）

平成12年6月1日　12構改B404　農地法関係事務に係る処理基準について　第3　8

⑵ 農業委員会は、許可の判断をするに当たっては、現地調査を行うこととし、その際に留意すべき点は次のとおりである。
① 法第3条第1項の許可の申請がなされたすべての事案について調査を要する。
② 法第3条第3項の規定の適用を受けて同条第1項の許可を受けようとする法人等による農地等についての権利取得、農地等についての所有権の取得、通常取引されていない規模のまとまりのある農地等についての権利取得等については、特に慎重に調査を行う。
③ ⑴の不許可相当の例示（上記に記載の通知）を念頭におき、申請に係る農地等の周辺の農地等の権利関係等許可の判断をするに当たって必要な情報について、現地調査の前に把握しておく。

農地所有適格法人に関する基礎知識

1 農業法人と農地所有適格法人

第1節4 (2)「農地所有適格法人要件」(47ページ) で「法人(=会社など) で農地法の許可を得ようとする場合、原則、農地法 (農地法第2条第3項) で定められた条件 (要件) をクリアした農地所有適格法人と呼ばれる法人以外は、許可を得ることができない」とお伝えしました。

このことは、当然ですが、原則として「農地所有適格法人以外の法人は、農地を買ったり、借りたりすることができない」ということを意味します。さらに、これに違反した場合には重い罰則規定もあります。

さて、第2節では、農地所有適格法人に関する基礎知識として、農地所有適格法人になるための要件などを中心に解説していきます。

まずは「農業法人」「農地所有適格法人」という言葉について、言葉の定義を明らかにしておきます。この2つの言葉について、混乱混同して使われているケースをたびたび見かけますので、ここでしっかりと確認をしておきます。

(1) 農業法人の定義

農業法人とは、農畜産物の生産や加工・販売など農業に関する事業を行う法人の広義の総称のことをいいます。つまり、農業に関わる事業を行う法人全般のことを意味する最も広義の言葉 (次ページ図の大きな楕円部分) になります。

そして、農業法人の大枠の中で、さらに農地の権利取得 (買ったり、借りたりすること) が可能な法人のことを、とりわけ農地所有適格法人と呼びます。

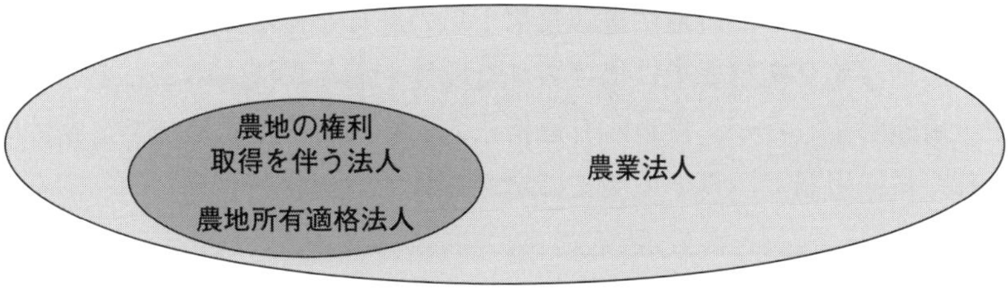

農地の権利
取得を伴う法人
農地所有適格法人
農業法人

ここでの農業法人という用語は、農地法等で規定されている法律用語ではありませんので、一般的な呼び名ということになります。一方、農地所有適格法人という用語は農地法（農地法第２条第３項）で定義付けされた法律用語となります。

以上をまとめると、以下の意味になります。

「農業法人＝農地の権利取得が可能な法人（農地を使って事業を行う法人）＋農地の権利取得が不可能な法人（農地を使わずに農業事業を行う法人）」

「農地所有適格法人＝農地の権利取得が可能な法人（農地を使って事業を行う法人）」

もちろん「農地を使って」というのは、農地を買ったり、借りたりする等、「農地の権利取得を伴って」ということです。

農地を使わずに農業事業を行う農地所有適格法人以外の農業法人の例としては、工場での野菜栽培、農地を使わない養鶏・養豚、農畜産物のなど加工販売を行う株式会社や、農業用施設の共同利用や農作業の共同化を目的とした１号農事組合法人などがあります。

そして、これら法人は、当然、農地の権利取得を伴いませんので、農地法の許可は不要ということになります。

⑵　農地所有適格法人の定義

「農地所有適格法人とは、農地の権利取得（買ったり、借りたりすること）が可能な法人」のことをいいます。

法律的にいうと、農地法第３条第１項の許可を得ることができる法人で、農地法第２条第３項に掲げられた要件を満たす法人のことをいいます。前述しましたが、農地所有適格法人という用語は農地法で定義付けされた法律用語で、以下の条文に定義されています。

> **農地法第２条第３項柱書**
> この法律で「農地所有適格法人」とは、農事組合法人、株式会社（公開会社でないものに限る）又は持分会社で、次に掲げる要件のすべてを満たしているものをいう。

ちなみに、農地法第２条３項柱書の要件のことを、一般には農地所有適格法人の「組織形態要件」、同条同項第１号の要件を「事業要件」、第２号の要件を「構成員要件」、第３号の要件を「業務執行役員要件」と呼び、各々細かく要件が定められています。

(3) 農地所有適格法人の許可とは？

お客様より「農地所有適格法人の許可を取ってほしいのですが…」とお問い合わせをいただくことがあります。このように一般には「農地所有適格法人の許可」という言葉が頻繁に使われますが、実は厳密に言うと農地法上「農地所有適格法人の許可」というものは存在しません。

農地法第２条第３項各号に掲げる要件をクリアして、はじめて法人として農地の権利取得が可能な法人となります。ただし、これはあくまで可能となるだけであって、これだけで権利取得できるというのではありません。

加えて、法人として農地法第３条第１項の許可が必要になります。この許可を得て初めて農地の権利取得が認められるのです。**つまり、農地所有適格法人の要件は、農地法第３条第１項の許可を得るための一つの前提要件に過ぎません**。農地法では、次のような法体系になっています。

農地法第２条第３項
「農地所有適格法人」の定義についての規定

農地法第３条第１項
「農地の権利取得」許可制についての規定

農地法第３条第２項第２号
「農地所有適格法人以外の法人は第３条第１項の許可を得ることができない」不許可要件についての規定

繰り返しになりますが、一般的にいう「農地所有適格法人の許可」をあえて定義するとしたら、農地法上では「法人として農地法第３条第１項の許可を取得する」「その許可を得るために農地法第２条第３項の農地所有適格法人の要件を満たす必要がある」という程の意味になります。

そして、農地法第３条第１項の許可を取得するためには、農地所有適格法人の要件だけではなく、農地法第３条第２項各号に掲げる他の要件もクリアしていなければならないのは個人の場合も法人の場合も同様です（ただし、農作業常時従事要件は法人の場合適用除外。47ページ、第１節４(3)「農作業常時従事要件」参照）。

実際、実務においても、通常は、農地所有適格法人の要件のみを審査申請するということはできず、農地法第３条第１項の許可申請とセットで申請し、その中で審査してもらうということになります。

該当する農地が決まっていない状態では、例えば、農地所有適格法人の事業要件である「売上の過半以上が農業であること」や、構成員要件の「構成員の農業常時従事性」、役員要件の「農作業従事日数」などの判断を行うことができません（農地所有適格法人の要件については、下記「農地所有適格法人の要件」にて解説)。

あくまで、農地所有適格法人の要件審査は、農地法第3条第1項の申請とセットになるのが原則です。

2 農地所有適格法人の要件

前述しましたが、農地所有適格法人の要件は、農地法に規定があり、以下の要件が法定されています。

(1) 法人の組織形態要件

(2) 事業要件

(3) 構成員要件

(4) 業務執行役員要件

では、各要件について個別に解説していきます。

(1) 法人の組織形態要件

農地所有適格法人となることができる法人の組織形態に関する要件は、農地法第2条第3項柱書に以下の規定があります。

> **農地法第2条第3項柱書**
>
> この法律で「農地所有適格法人」とは、農事組合法人、株式会社(公開会社でないものに限る)又は持分会社で、次に掲げる要件をすべて満たしているものをいう。

つまり、農地所有適格法人になれるのは、次のいずれかの組織形態となります。

① 農事組合法人(ちなみに1号法人は農業生産を行わないため、農地所有適格法人にはなれません)

② 株式会社(非公開会社)

③ 持分会社(合同会社、合名会社、合資会社)

上記以外の法人、例えば、上場株式会社、NPO法人、一般社団法人、宗教法人、学校法人等は農地所有適格法人になることができません。

①　農事組合法人

農事組合法人とは、その法人の組合員の共同の利益の増進を目的とする農業協同組合法で定められた法人のことをいいます。

(a)　農業協同組合法上の法律用語の定義

まずは、農業協同組合法に出てくる用語定義に関する条文を確認します。

> **農業協同組合法第２条**
> この法律において「農業者」とは、農民又は農業を営む法人（その常時使用する従業員の数が300人を超え、かつ、その資本金の額又は出資の総額が３億円を超える法人を除く。）をいう。
> 2　この法律において「農民」とは、自ら農業を営み、又は農業に従事する個人をいう。
> 3　この法律において「農業」とは、耕作、養畜又は養蚕の業務（これらに付随する業務を含む。）をいう。
> 4　自ら前項に掲げる業務を営み、又はこれに従事する者が行う薪炭生産の業務（これに付随する業務を含む。）は、この法律の適用については、農業とみなす。

つまり、「農民」とは、いわゆる「農家さん」のことを指し、農業経営者だけでなく、農業従事者も含まれるとされております。「農業」は、耕作等の業務ですから、耕起、播種、防除、収穫等のいわゆる「農作業に関する業務および、これに付随する業務」となります。

後述しますが、農事組合法人の構成員となることができる者は、原則「農民」に限られています。

(b) 農事組合法人の事業

農事組合法人の事業目的については、以下の法令に定めがあります。共同利益の増進ということで、株式会社等のような営利目的法人ではなく、共同組合的色彩が強い組織となっています。

> **農業協同組合法第72条の4**
> 農事組合法人は、その組合員の農業生産についての協業を図ることによりその共同の利益を増進することを目的とする。

事業内容については、次ページの法令に定めがあり、行うことができる事業内容により、大きく1号法人と2号法人に分けられています。

農地所有適格法人でも、農事組合法人以外の組織形態では「事業要件」の範囲内で、農業以外の他の事業を行うことも可能ですが、農事組合法人については、農業協同組合法による制約があり、原則、以下に定める事業以外の事業は行うことができません。

一般に、農業協同組合法第72条の10第1項第1号のみを行う法人のことを「1号農事組合法人」、1号と2号もしくは2号のみを行う法人のことを「2号農事組合法人」と呼びます。

1号農事組合法人は、主に集落で機械施設を共同購入して共同利用したり、田植えや防除等の農作業を共同で行ったりする場合に使われる法人で、法人それ自体としては農業経営を行うことはできません。農業経営ができないということから、当然、農地所有適格法人になることもできません。

一方、2号農事組合法人は農業経営を行うことができますので、農地所有適格法人となることができます。

農業協同組合法第 72 条の 10

農事組合法人は、次の事業の全部又は一部を行うことができる。

① 農業に係る共同利用施設の設置（当該施設を利用して行う組合員の生産する物資の運搬、加工又は貯蔵の事業を含む。）又は農作業の共同化に関する事業

② 農業の経営（その行う農業に関連する事業であって農畜産物を原料又は材料として使用する製造又は加工その他農林水産省令で定めるもの及び農業と併わせ行う林業の経営を含む。）

③ 前２号の事業に附帯する事業

農業協同組合法施行規則第 215 条

法第 72 条の 10 第１項第２号の農林水産省令で定める事業は、次に掲げる事業とする。

① 農畜産物の貯蔵、運搬又は販売

② 農業生産に必要な資材の製造

③ 農作業の受託

(c) 農事組合法人の構成員（組合員）

農事組合法人の構成員になることができる者については、下記の法令に定めがあります。基本的には「農民」とされています。「農民」以外の「みなし農民（下記の法令②）」「取引関係者（下記の法令④）」等についても、一定の要件の下に構成員となることができますが、総構成員の3分の1を超えてはならないとされています。

農業協同組合法第72条の13

農事組合法人の組合員たる資格を有する者は、次に掲げる者（農業経営農事組合法人以外の農事組合法人にあっては、第1号に掲げる者）で定款で定めるものとする。

① 農民

② 組合

③ 当該農事組合法人に農業経営基盤強化促進法第7条第3号に掲げる事業に係る現物出資を行った農地中間管理機構

④ 当該農事組合法人からその事業に係る物資の供給若しくは役務の提供を受ける者又はその事業の円滑化に寄与するであって、政令で定めるもの

2 前項の規定の適用については、農業経営農事組合法人の同項第1号の規定による組合員が農民でなくなり、又は死亡した場合におけるその農民でなくなった者又はその死亡した者の相続人であって農民でないものは、その農業経営農事組合法人との関係においては、農民とみなす。

3 農業経営農事組合法人の組合員のうち第1項第4号に掲げる者及び前項の規定により農民とみなされる者の数は、総組合員の数の3分の1を超えてはならない。

農業協同組合法施行令 40 条

法第 72 条の 13 第 1 項第 4 号の政令で定めるものは、次に掲げる者とする。

① 当該農事組合法人からその事業に係る物資の供給又は役務の提供を継続して受ける個人

② 当該農事組合法人に対するその事業に係る特許権についての専用実施権の設定又は通常実施権の許諾に係る契約及び新商品又は新技術の開発又は提供に係る契約並びにこれらに準じて当該農事組合法人の事業の円滑化に寄与すると認められる農林水産省令で定める契約を締結している者

農業協同組合法施行規則第 216 条

令 40 条第 2 号の農林水産省令で定める契約は、次に掲げる契約とする。

① 実用新案権についての専用実施権の設定又は通常実施権の許諾に係る契約

② 育成者権についての専用利用権の設定又は通常利用権の許諾に係る契約

各構成員（組合員）の議決権については、1 人 1 議決とされています（農業協同組合法第 72 条の 10 の 2 第 1 項）。

(d) 設立に関する要件

農事組合法人の設立に関しては、3 人以上の「農民」が発起人となることが求められます。

農業協同組合法第72条の32（抜粋）

農事組合法人を設立するには、3人以上の農民が発起人となることを必要とする。

（以下省略）

(e) その他

農事組合法人に関しては、設立時の定款認証・登録免許税不要、農業事業に対する事業税が非課税になるなど、若干税制面での優遇はありますが、農地所有適格法人の他の制約に加え、上記のとおり農業協同組合法によるさまざまな制約がありますので注意が必要です。

通常、集落営農を法人化したり、家族営農を法人化したりする場合に使われ、新規農業参入ではあまり使われません（農民等が必要になりますので、メンバーに農業者がいない場合は、実質不可能です）。

② 株式会社

(a) 株式会社の事業

株式会社とは営利を目的として事業を行う法人のことで、定款で定める事業目的の範囲内であれば、あらゆる事業を行うことができます（もちろん、法令に違反する事業や公序良俗に反する事業等は行えません）。

ただし、農地所有適格法人になるには、後述する農地所有適格法人の「事業要件」を満たさなければなりませんので、その範囲内の事業ということになります。

(b) 株式会社の構成員

株式会社の構成員のことを株主と呼びます。つまり、出資者ということです。構成員（＝出資者）については、後述の農地所有適格法人の「構成員要件」による制限の他、農事組合法人のような制限はありません。

また、議決権に関しても、農地所有適格法人の「構成員要件」に関する制限の他、農事組合法人のような「1人1議決」といった制約はなく、自由に決めることができます。例えば「1株＝1議決」「無議決権株式」など、定款により自由に定めることができます。

(c)　**設立に関する要件**

設立に関しても特に制約はなく、1名から設立可能です。また、資本金に関する制約も平成18年の会社法改正により撤廃され、ゼロ円から設立が可能になりました。

(d)　**その他**

株式会社については、一般には、株式の発行等により大規模な資金集めが可能となったり、会社所有者（＝株主）と会社経営者（＝取締役）とが分離されている（＝所有と経営の分離）などの特徴があります。

ただし、農地所有適格法人になることができる株式会社については「公開会社でないものに限る」とされており、上記特徴は若干修正されています（次ページ用語解説参照）。

譲渡制限（下記用語解説参照）について、具体的には「定款に株式の譲渡制限の定めがあること」として、以下通知により示されています。

平成12年6月1日　12構改B404　農地法関係事務に係る処理基準について　第1(4)

① 株式会社にあっては、その発行する全部の株式の内容として譲渡による当該株式の取得について当該株式会社の承認を要する旨の定款の定め（以下「株式譲渡制限」という。）を設けている場合に限り、認めるものである。

（以下省略）

用語解説　**譲渡制限**

譲渡制限とは、「株式を売買などで譲渡する際、取締役会や株主総会においての承認が必要」というもので、株式の譲渡に関して制限を加えることをいいます。

用語解説 所有と経営の分離の修正

上記のとおり、農地所有適格法人の場合、株式会社は非公開会社でなければなりませんし、取締役についても「農業常時従事者が過半を占めること」などの制限があります。（詳しくは72ページ(4)の「役員要件」で解説します。）

これは、資金を提供する人（＝株主）と事業を行う者（＝経営者）は、基本的には一体が望ましいということを意味し、所有と経営の分離は修正されています。

ところで、このような修正は、農地法の基本精神である「自作農主義」（農地所有者＝耕作者が望ましいとする考え）からきています。

しかし、平成21年12月の農地法改正により、この基本精神（法律目的）にも若干修正が加えられました。

例えば、第1条の目的規定において、自作農主義（＝所有者主義）を踏まえつつも「農地を効率的に利用する耕作者による権利取得の促進を図ること」（＝利用者主義的色彩）が明文化されたり、農地賃借等（所有以外の権利取得）に関して、農地所有適格法人以外の法人、譲渡制限のない株式会社でも権利取得が可能となるなどの修正が行われました（改正農地法についての詳細は第3章で解説します）。

つまり、改正農地法による農地賃借等の場合、完全な所有と経営の分離が可能となりました。今後の活用方法、発展などが注目されるところです。

③ 持分会社

持分会社とは、株式会社と同様、会社法に規定された営利を目的とする法人のことで、合同会社、合名会社、合資会社の3つの形態があります。株式会社の出資者のことを株主、株主の地位のことを株式と呼ぶのに対し、持分会社では出資者のことを社員、社員の地位のことを持分と呼びます。

株式会社と持分会社の大きな違いは、出資者の地位（＝株式や持分）を他人に自由に譲渡することができるかできないかということになります。

一般に、株式会社の株式は自由に譲渡できるのに対し、持分会社の持分は、自由に譲渡することができず、原則、全社員の同意が必要になります（ただし、農地所有適格法人の場合、株式会社でも株式譲渡制限が求められ、株主総会や取締役会の議決が必要ですので、自由譲渡に制限がなされています）。

また、業務執行に関しては原則、各社員全員が直接行いますが、合同会社の場合、定款で別段の定めをすることは可能です（特定の社員のみ業務を行うと定める等）。

議決は原則、１人１議決となりますが、定款で別段の定めを置くことは可能です。

合同、合名、合資会社の違いですが、これは、社員の責任に違いがあります。無限責任社員のみで構成されている会社のことを合名会社、無限責任社員と有限責任社員がいる会社のことを合資会社、有限責任社員のみによって構成されている会社のことを合同会社と呼びます（下記用語解説参照）。

用語解説　無限責任、有限責任

例えば、会社が倒産して会社の資産だけでは負債が払えなくなった場合、有限責任の場合、その会社の社員は、会社への出資金の限度で責任を負うのみで済みます（出資金が返ってこないというだけで済みます）。

一方、無限責任の場合は、出資金だけではなく、その社員個人の財産からも負債を支払わなければならないという重い責任となります。

したがって、現在、農地所有適格法人においては、無限責任社員からなる合資会社や合名会社はほとんど使われておりません。

⑵　事業要件

その法人の主たる事業が農業とその関連する事業であることとする要件のことで、農地法第２条第３項第１号に定めがあります。

農地法第２条第３項第１号
その法人の主たる事業が農業（その行う農業に関連する事業であって農畜産物を原料又は材料として使用する製造又は加工その他農林水産省令で定めるもの、農業と併せ行う林業及び農事組合法人にあっては農業協同組合法（昭和22年法律第132号）第72条の10第１項第１号の事業を含む）であること。

①　主たる事業

主たる事業であるか否かの判断は、直近3ヵ年における農業（関連事業含む）の売上高が、法人の事業全体の過半を占めているかどうかで判断されます。

また、農業経営の実績がなく、これから新規に農地所有適格法人の要件を備えようとする場合は、今後3ヵ年の事業計画に基づき判断されます。

平成12年６月１日　12構改B404　農地法関係事務に係る処理基準について　第１⑷②
「法人の主たる事業が農業」であるかの判断は、その判断の日を含む事業年度前の直近する３か年（異常気象等により、農業の売上高が著しく低下した年が含まれている場合には、当該年を除いた直近する３か年）におけるその農業に係る売上高が、当該３か年における法人の事業全体の売上高の過半を占めているか否かによるものとする。

②　農業関連事業

主たる事業の農業には「農業」だけではなく「関連事業」も含まれます。

したがって、農地所有適格法人の要件を満たすことを考えたとき、どのような事業が関連事業に含まれるのかは案外重要になってきます。実務において営農計画を立てる際にも、必ず考慮に入れておかなければなりません。

ここでは、農業関連事業についての規則、通知をご紹介します。これらの規則、通知が判断の指針とされていますので、どのようなものが含まれるのかしっかり確認してください。かなり個別具体的に例示されてますので、理解しやすいと思います。

農地法施行規則第２条

農地法第２条第３項第１号の農林水産省令で定めるものは、次に掲げるものとする。

①　農畜産物の貯蔵、運搬又は販売

②　農業生産に必要な資材の製造

③　農作業の受託

④　農山漁村滞在型余暇活動のための基盤整備の促進に関する法律第２条第１項に規定する農村滞在型余暇活動に利用されることを目的とする施設の設置及び運営並びに農村滞在型余暇活動を行う者を宿泊させること等農村滞在型余暇活動に必要な役務の提供

平成12年6月1日　12構改B404　農地法関係事務に係る処理基準について　第1(4)③

法人の行う事業が、法人の行う農業と一次的な関連を持ち農業生産の安定発展に役立つものである場合には、法第2条第3項第1号の「その行う農業に関連する事業」に該当するものである。

具体的には、例えば次のようなことが想定される。

ア 「農畜産物を原料又は材料として使用する製造又は加工」とは、りんごを生産する法人が、自己の生産したりんごに加え、他から購入したりんごを原料として、りんごジュースの製造を行う場合、野菜を生産する法人が、料理の提供、弁当の販売若しくは宅配又は給食の実施のため、自己の生産した野菜に加え、他から購入した米、豚肉、魚等を材料として使用して製造又は加工を行う場合等である。

イ 「農畜産物の貯蔵、運搬又は販売」とは、りんごの生産を行う法人が、自己の生産したりんごに加え、他の農家等が生産したりんごの貯蔵、運搬又は販売を行う場合等である。

ウ 「農業生産に必要な資材の製造」とは、法人が自己の農業生産に使用する飼料に加え、他の農家等への販売を目的とした飼料の製造を行う場合等である。

エ 「農作業の受託」とは、水稲作を行う法人が自己の水稲の刈取りに加え、他の農家等の水稲の刈取り作業の受託を行う場合等である。

オ 「農村滞在型余暇活動に利用されることを目的とする施設」とは、観光農園や市民農園※（農園利用方針によるものに限る。）等主として都市の住民による農作業の体験のための施設のほか、農作業の体験を行う都市の住民等が宿泊又は休養するための施設、これら施設内に設置された農畜産物等の販売施設等である。また、「必要な役務の提供」とは、これら施設において行われる各種サービスの提供を行うことである。

なお、都市の住民等による農作業は、法人の行う農業と一時的な関連を有する必要があることから、その法人の行う農業に必要な農作業について行われる必要がある。
※特定農地貸付法等による市民農園（＝いわゆる区画貸しの貸農園）は含まれません。あくまで農業経営の一環として農業主が主体となって運営する体験農園であることが求められています。

(3)　構成員要件

農地所有適格法人の構成員（下記用語解説参照）となることができる者に関する要件のことで、農地法第２条第３項第２号に定めがあります。なお、昨今の６次産業化等の推進に伴う資本増強の必要性等の背景から、平成28年４月より法改正によりその要件は大幅に緩和されました。

○改正前
・農業関係者以外の者が総議決権の４分の１以下
・農業関係者以外の者は、関連事業者（法人と継続的取引関係がある者等）に限定

○改正後
・農業関係者以外の者の総議決権が２分の１未満
・農業関係者以外の者の構成員要件を撤廃
（法人と継続的取引関係がない者も構成員となることが可能）

用語解説　構 成 員

農事組合法人の場合は組合員、合名・合資・合同会社の場合は社員、株式会社の場合は株主となります。会社から雇用されている従業員は構成員に該当しません。

農地法第２条第３項第２号（抜粋）

その法人が、株式会社にあっては次に掲げる者に該当する株主の有する議決権の合計が総株主の議決権の過半を、持分会社にあっては次に掲げる者に該当する社員の数が社員の総数の過半を占めているものであること。

条文中の「次に掲げる者」とは農業関係者を示し、以下①～③の者をいいます。すなわち、ここに掲げられている者が、会社の議決権の過半数を持たなければならないとされています。

①　農地の権利提供者（農地法第２条第３項第２号イロハニ）

法人に農地を貸したり、売ったりする者のことです。つまり、農地の貸主や売主（農地の地主さん）のことです。これから貸主や売主となるために許可申請しようとする者でもよく、また、農地中間管理機構（農地バンク）等を通じて、その法人に農地を貸している者も含まれるとされています。

②　農作業委託農家（農地法第２条第３項第２号へ）

法人に農作業を委託する個人（農家）のことです。ここでいう農作業とは、農作物を生産するために必要となる基幹的な作業をいい、具体的には以下の通知により基準が示されています。

平成12年6月1日　12構改B404　農地法関係事務に係る処理基準について第1(4)⑫

「農作物を生産するために必要となる基幹的な作業」とは、水稲にあっては耕起・代かき、田植及び稲刈り・脱穀の基幹３作業、麦又は大豆にあっては耕起・整地、播種及び収穫、その他の作物にあっては水稲及び麦又は大豆に準じた農作業をいう。

③　農業の常時従事者（農地法第２条第３項第２号ホ）

農業に常時従事している個人のことです。農業に常時従事しているかどうかの判断は、原則150日以上従事していることとされ、以下に判断基準が示されています。新規の場合には、これから先の事業計画等により判断がなされます。

> **農地法施行規則第９条**
>
> 法第２条第３項第２号ホに規定する常時従事者であるかどうかの判定は、次の各号のいずれかに該当する者を常時従事者とすることによりするものとする。
>
> ①　その法人の行う農業に年間150日以上従事すること。
>
> ②　その法人の行う農業に従事する日数が年間150日に満たない者にあっては、その日数が年間付録第１の算式により算出される日数（その日数が60日未満のときは、60日）以上であること。
>
> ③　その法人の行う農業に従事する日数が年間60日に満たない者にあっては、その法人に農地若しくは採草放牧地について所有権若しくは使用収益権を移転し、又は使用収益権に基づく使用及び収益をさせており、かつ、その法人の行う農業に従事する日数が年間付録第１の算式により算出される日数又は付録第２の算式により算出される日数のいずれか大である日数以上であること。

付録第1、付録第2

(a) 150日未満であっても、次の算式で求められる日数以上であればよい。

構成員一人当たりの平均労働日数の3分の2以上、最低でも60日以上が必要労働日数。

$$150\text{日} > \frac{\text{法人の年間総労働日数}}{\text{法人の構成員の数}} \times \frac{2}{3} \geqq 60\text{日}$$

(b) 農地等提供者は60日未満であっても、次の算式で求められる日数以上あればよい。

法人の経営面積に対する提供面積の比率を総労働に乗じた日数以上。

$$60\text{日} > \text{農地提供構成員の年間労働日数} \geqq \text{法人の年間総労働日数} \times \frac{\text{構成員の農地等提供面積}}{\text{事業の用に供している農地等面積}}$$

平成12年6月1日　12構改B404　農地法関係事務に係る処理基準について　第1(4)⑩

「常時従事する者」の判定基準である則第9条並びに附録第1及び第2の算式における構成員がその法人に年間従事する日数及び法人の行う農業に必要な年間総労働日数は、過去の実績を基準とし、将来の見込みを勘案して判断する。

(4) 役員要件

農地所有適格法人の経営を行う役員に関する要件のことで、農地法第2条第3項第3号4号に定めがあります。こちらの要件も(3)構成員要件と同様に6次産業化等の進展により、販売・加工等のウェイトが高まると農作業に従事する役員のシェアは下がらざるを得ない等の背景から、平成28年4月より、法改正により大幅に緩和されています。

○改正前
・役員の過半が農業（販売・加工を含む）の常時従事者であること
・さらに、その過半が農作業に従事すること

○改正後
・役員の過半が農業（販売・加工を含む）の常時従事者であること（改正前と同じ）
・役員または重要な使用人（農場長等）のうち、１人以上が農作業に原則60日以上従事すること

農地法第２条第３項第３号
その法人の常時従事者たち構成員が理事等、数の過半を占めていること。

農地法第２条第３項第４号
その法人の理事又は農林水産省令で定める使用人のうち、１人以上の者がその法人の行う農業に必要な農作業に１年間に農林水産省令で定める日数以上に従来すると認められるものであること。

①　農作業

ここでいう農作業とは、田畑などの農場で行う農作業労務のことで、次ページの通達において、具体例と共に判断基準が示されています。あくまで直接的な作業のことであり、記帳事務や集金などの間接的な作業は含まれません。

> **平成12年6月1日　12構改B404　農地法関係事務に係る処理基準について　第1(4)⑭**
> 「その法人の行う農業に必要な農作業」とは、耕うん、整地、播種、施肥、病虫害防除、刈取り、水の管理、給餌、敷わらの取替え等耕作又は養畜の事業に直接必要な作業をいい、耕作又は養畜の事業に必要な帳簿の記帳事務、集金等は農作業には含まれないものとする。

②　使用人

使用人とは、その法人の使用人であって、その法人の行う農業（関連事業含む）に関する権限および責任を有する者とされています（農地法施行規則第7条)。いわゆる農場長等が想定されます。

③　代表者

代表取締役、代表理事など、その法人の代表権を有する者については、農地法では特に定めはないものの、通達において判断基準が示されており、これに従うこととなります。

常時従事者であることが望ましいとされ、さらに、兼務者や兼業者については、常時従事者と認められない場合があるとされています。

> **平成13年3月1日　12経営1153　農地法の一部を改正する法律の施行について　第3(3)**
> ア　法人の理事等について、他の法人からの出向者、他の法人の役職員の地位を兼務する者、農業以外の事業を兼業する者等については、住所、農業従事経験、給与支払形態又は所得源等からみて、当該法人の農業に常時従事する者であると認められない場合がある。
> イ　農業生産法人による農地等の効率的利用を図るためには、その法人の理事等のうち代表権を有するものは、農業が営まれる地域に居住し、その行う農業に常時従事する構成員であることが望ましい。

平成21年改正農地法に関する基礎知識（農地所有適格法人以外の法人による農地賃借規制の緩和）

1 概　　要

原則、農地所有適格法人（平成28年4月より農産生産法人が農地所有適格法人へと名称変更）以外の法人は農地の権利取得を行うことができないと解説してきました。これは、農地法の大原則としては変わりません。

しかし、平成21年12月の農地法改正により、農地賃借等の農地権利移転に関しては、農地所有適格法人以外の法人でも、一定の要件の下、許可を得ることが可能となり、一般企業の農業参入の要件が大きく緩和されることとなりました。

一般企業の農業参入については、これまでも農業経営基盤強化促進法に定める特定法人貸付事業制度により、各市町村が定める特区区域内に関して、農地リースによる農業参入が認められていましたが、特区に指定される区域は、そのほとんどが遊休農地や遊休になりそうな農地であり、実際に新規農業参入する農地としては不適な農地が多く、参入がなかなか進まない要因にもなってました。

この点、平成21年度の農地法改正により特区区域内に限らず、原則、どこでも農地を借りることができるようになり、このあたりの問題が解消されることとなりました（また、特定農地貸付事業制度は廃止となりました）。

ただし、農地“所有権”については、これまでどおり、農地所有適格法人以外の法人への権利移転は認められておりません。

2 平成21年改正農地法による農地賃借等の権利を取得するための要件

農地所有適格法人以外の法人が、農地の賃借等の権利を取得するための要件については、農地法改正により第3条第3項として、新たに条文が追加され以下のとおり定められました。柱書かっこ内の前項第2号は農地所有適格法人要件、第4号は農作業常時従事要件で、これら要件にかかわらず許可することができるという意味となります。

農地法第3条第3項

農業委員会は、農地又は採草放牧地について使用貸借による権利又は賃借権が設定される場合において、次に掲げる要件のすべてを満たすときは、前項（第2号及び第4号に係る部分に限る。）の規定にかかわらず、第1項の許可をすることができる。

① これらの権利を取得しようとする者がその取得後においてその農地又は採草放牧地を適正に利用していないと認められる場合に使用貸借又は賃貸借の解除をする旨の条件が書面による契約において付されていること。

② これらの権利を取得しようとする者が地域の農業における他の農業者との適切な役割分担の下に継続的かつ安定的に農業経営を行うと見込まれること。

③ これらの権利を取得しようとする者が法人である場合にあっては、その法人の業務を執行する役員（又は農林水産省令で定める使用人）のうち1人以上の者がその法人の行う耕作又は養畜の事業に常時従事すると認められること。

(1) 要件1 使用貸借による権利または賃借権の設定であること（農地法第3条第3項柱書）

農地所有適格法人以外の法人でも権利取得が可能な「権利」は、使用貸借または賃貸借による権利に限られ、それ以外の権利の取得は認められていません。したがって、農地を購入するなど農地所有権を取得することはできません。

ちなみに、使用貸借および賃借権（賃貸借）は、どちらも農地を使用するための権利である点は共通ですが、使用料を支払うかどうかに違いがあります。使用貸借は無償、賃借権（賃貸借）は有償となります。

平成12年6月1日　12構改B404農地法関係事務に係る処理基準について　第3　9(1)

農地等についての権利取得は法第３条第２項が基本であり、同条第３項は、使用貸借による権利又は賃借権が設定される場合に限って例外的な取扱いができるようにしているところである。

(中略)

法第１条の目的においては、「耕作者自らによる農地の所有」等が規定され、今後とも農地の所有権の取得については農作業に常時従事する個人と農地所有適格法人に限るべきであることが明確にされたところである。

(2)　要件２　解除条件付きの契約であること（農地法第3条第3項第1号）

使用貸借および賃貸借による権利を取得しようとする場合、その契約において「農地を適正に利用していない場合には、契約を解除する旨の条件が書面による契約において付されていること」が必要とされています。つまり、解除条件付きの契約書面を取り交わすことが必要とされています。

「農地法関係事務に係る処理基準について」の通知において、契約書の内容について、撤退した場合の混乱を防止するため、特に次の事項が明記されているかを確認することとされています。

契約書式等、詳しくは第２章で解説します。

平成12年6月1日　12構改B404農地法関係事務に係る処理基準について　第3　10(1)

農業委員会は、法第3条第3項の規定の適用を受けて同条第1項の許可を受けた法人等が撤退した場合の混乱を防止するため、次の①から④までの事項が契約上明記されているか、①から④までの事項その他の撤退した場合の混乱を防止するための取決めを実行する能力があるかについて確認するものとする。

① 農地等を明け渡す際の原状回復の義務は誰にあるか

② 原状回復の費用は誰が負担するか

③ 原状回復がなされないときの損害賠償の取決めがあるか

④ 賃借期間の中途の契約終了時における違約金支払いの取決めがあるか

(3) 要件3　地域において適切な役割分担を担うこと（農地法第3条第3項第2号）

適切な役割分担とは、具体的には地域の農業の維持発展に関する会合に参加すること、水路などの共同利用施設の取決めを遵守することなどであり、確約書や協定、誓約書等を結ぶなどが求められています。以下の通知により、基準が例示されています。

平成12年6月1日　12構改B 404農地法関係事務に係る処理基準について　第3　9(2)①

法第3条第3項第2号の「適切な役割分担の下に」とは、例えば、農業の維持発展に関する話し合い活動への参加、農道、水路、ため池等の共同利用施設の取り決めの遵守、獣害被害対策への協力等をいう。

これらについて、例えば、農地等の権利を取得しようとする者は、確約書を提出すること、農業委員会と協定を結ぶこと等が考えられる。

(4)　要件４　継続的かつ安定的に農業経営を行うと見込まれること（農地法第３条第３項第２号）

継続的かつ安定的に農業経営を行うことに関して、その判断基準については、機械施設や労働力の確保等からみて、長期に継続して行う見込みがあることとされ、以下の通知により示されています。

ちなみに、申請実務においては、新規参入の場合は、主として営農計画書により示すことになります。

> **平成12年６月１日　12構改B404農地法関係事務に係る処理基準について　第３　9(2)②**
>
> 法第３条第３項第２号の「継続的かつ安定的に農業経営を行う」とは、機械や労働力の確保状況等からみて、農業経営を長期的に継続して行う見込みがあることをいう。

(5)　要件５　業務を執行する役員が常時従事すること（農地法第３条第３項第３号）

業務を執行する役員のうち１人以上の者が「その法人の行う耕作又は養畜の事業に常時従事すると認められること」とされており、本要件に関する判断基準については、以下の通知により示されています。

本要件にある「耕作又は養畜の事業」は、農作業に限定されるものではなく、営農計画の作成、マーケティング等の企画管理労働も含まれるとされています。常時従事とは原則150日以上従事となります。

> **平成12年６月１日　12構改B404農地法関係事務に係る処理基準について　第３　9(2)③④**
>
> ③　法第３条第３項第３号の「業務を執行する役員又は農林水産省令で定める使用人のうち１人以上の者がその法人の行う耕作又は養畜の事業に常時従事すると認められる」とは、業務を執行する役員又は当該

使用人のうち１人以上の者が、その法人の行う耕作又は養畜の事業（農作業、営農計画の作成、マーケティング等を含む。）の担当者として、農業経営に責任をもって対応できるものであることが担保されていることをいう。

④　則第18条の２の「法人の行う耕作又は養畜の事業に関する権限及び責任を有する者」とは、支店長、農場長、農業部門の部長その他いかなる名称であるかを問わず、その法人の行う耕作又は養畜の事業に関する権限及び責任を有し、地域との調整役として責任をもって対応できる者をいう。

権限及び責任を有するか否かの確認は、当該法人の代表者が発行する証明書、当該法人の組織に関する規則（使用人の権限及び責任の内容及び範囲が明らかなものに限る。）等で行う。

「農業経営に責任をもって対応できるものであることが担保されていること」「地域との調整役として責任を持って対応できる者」とあり、常時従事執行役員は、地域に常駐することが望ましいといえます。

3 農地の利用状況の報告

平成21年の改正農地法第３条第３項の規定により農地賃借等の許可を得た者は、毎年、農地の利用状況について、農業委員会等へ報告しなければなりません。

報告は、毎事業年度の終了後3ヵ月以内に、次ページの規則（農地法施行規則第60条の２第１項）に掲げる事項を記載するものとされています。この規定は、参入要件を緩和する代わりに、事後規制を厳しくしようとする観点から、新たに設けられました。

農地法第６条の２第１項

第３条第３項の規定により同条第１項の許可を受けて使用貸借による権利又は賃借権の設定を受けた者、（中略）は、農林水産省令で定めるところにより、毎年、事業の状況その他農林水産省令で定める事項を農業委員会に報告しなければならない。

農地法施行規則第60条の２第１項

法第６条の２第１項の規定による報告は、毎事業年度の終了後三月以内に、次に掲げる事項を記載した報告書を（中略）提出してしなければならない。

① 申請者の氏名及び住所（法人にあっては、その名称及び主たる事務所の所在地並びに代表者の氏名）
② 農地又は採草放牧地の面積
③ 作物の種類別作付面積又は栽培面積、生産数量及び反収
④ 周辺の農地又は採草放牧地の農業上の利用に及ぼしている影響
⑤ 地域の農業における他の農業者との役割分担の状況
⑥ 常時従事する者の役職名及び氏名並びにその法人の行う耕作又は養畜の事業への従事状況
⑦ その他参考となるべき事項

(1) 勧　　告

平成21年改正農地法第３条第３項の規定により、農地賃借等の許可を受けた者が、農地法第３条の２第１項各号に定める事由（周辺地域の農業に支障を与えている場合、地域の農業者との適切な役割分担を担っていない場合、継続的安定的に農業経営を行っていない場合、役員がいずれも耕作等の事業に常時従事していない場合等）に該当する場合には、農業委員会等は必要な措置を講ずるよう勧告を行うことができると定められています。

これも、上記農地利用状況の報告と同様、事後規制のために新たに設けられた規定となります。

農地法第３条の２第１項

農業委員会は、次の各号のいずれかに該当する場合には、農地又は採草放牧地について使用貸借による権利又は賃借権の設定を受けた者（前条第３項の規定の適用を受けて同条第１項の許可を受けた者に限る。）に対し、相当の期間を定めて、必要な措置を講ずべきことを勧告することができる。

① その者がその農地又は採草放牧地において行う耕作又は養畜の事業により、周辺の地域における農地又は採草放牧地の農業上の効率的かつ総合的な利用の確保に支障が生じている場合

② その者が地域の農業における他の農業者との適切な役割分担の下に継続的かつ安定的に農業経営を行っていないと認める場合

③ その者が法人である場合にあっては、その法人の業務執行役員等のいずれもがその法人の行う耕作又は養畜の事業に常時従事していないと認める場合。

なお、上記勧告は、許可取消の前置手続とされ、地域の営農状況等への被害を十分に確認した上で行うものとし、勧告に従わなかった場合は、必ず許可を取り消さなければならないとされています。

平成12年6月1日　12構改B404農地法関係事務に係る処理基準について　第4

（中略）法第３条の２第１項の勧告は、同条第２項第２号の許可取消の前置手続であることから、地域の営農状況等に著しい被害を与えていることを十分確認した上で行うこととし、勧告を受けた者がその勧告に従わなかったときは必ず法第３条第３項の規定の適用を受けてした同条第１項の許可を取り消さなければならない。

「相当の期限」については、以下に判断基準が示されています。「可能な限り速やかに是正するために必要な期限」ということになります。

平成12年6月1日　12構改B404農地法関係事務に係る処理基準について　第4⑴①

「相当の期限」とは、講ずべき措置の内容、生じている支障の除去の緊急性等に照らして、個別具体的に設定されるものであるが、法第３条の２第１項各号の状況を可能な限り速やかに是正するために必要な期限とするものとする。

具体的に勧告を行うケースは、以下の通知に例示されており、これに従うこととなります。

平成12年6月1日　12構改B404農地法関係事務に係る処理基準について　第4　⑴②～④

②　法第３条の２第１項第１号に該当する場合とは、第３の８の⑴の法第３条第２項第７号の判断基準に該当する場合（注１）であって、例えば、病害虫の温床になっている雑草の刈取りをせず、周辺の作物に著しい被害を与えている場合等をいう。

③　法第３条の２第１項第２号に該当する場合とは、第３の９の法第３条第３項関係の⑵の①及び②に該当しない場合（注２）であって、例えば、担当である水路の維持管理の活動に参加せず、その機能を損ない、周辺の農地の水利用に著しい被害を与えている場合等をいう。

④　法第３条の２第１項第３号に該当する場合とは、第３の９の法第３条第３項関係の⑵の③に該当しない場合（注３）であって、例えば、法人の農業部門の担当者が不在となり、地域の他の農業者との調整が行われていないために周辺の営農活動に支障が生じている場合等をいう。

（注１）第１章第１節４⑸50ページ参照。

（注２）第１章第３節２⑶⑷78、79ページ参照。

（注３）第１章第３節２⑸79ページ参照。

⑵　許可取消し

勧告に従わない場合等の一定の場合には、農業委員会等は許可を取り消さなければならないとされています。

農地法第３条の２第２項

農業委員会は、次の各号のいずれかに該当する場合には、前条第３項の規定によりした同条第１項の許可を取り消さなければならない。

①　農地又は採草放牧地について使用貸借による権利又は賃借権の設定を受けた者がその農地又は採草放牧地を適正に利用していないと認められるにもかかわらず、当該使用貸借による権利又は賃借権を設定した者が使用貸借又は賃貸借の解除をしないとき。

②　前項の規定による勧告を受けたものがその勧告に従わなかったとき。

本条の「農地又は採草放牧地を適正に利用していない」場合については、無断転用や遊休農地にした場合等をいいます。

平成12年６月１日　12構改B404農地法関係事務に係る処理基準について　第４　⑵①

法第３条の２第２項第１号の「農地又は採草放牧地を適正に利用していない」とは、法第４条第１項又は法第５条第１項の規定に違反して使用貸借による権利又は賃借権の設定を受けた農地等を農地等以外のものにしている場合（注1）、使用貸借による権利又は賃借権の設定を受けた農地等を法第32条第１項第１号に該当するものにしている場合等（注2）をいう。

（注1）無許可転用の場合

（注2）遊休農地に該当する場合

もともと平成21年改正農地法第３条第３項による許可は、「農地を適正に利用していないと認められる場合には契約を解除する」という解除条件付きの契約が要件となってます。

したがって、これに該当するにもかかわらず、農地貸借人等が契約を解除しない場合「農業委員会等が許可を取り消します」として、改正農地法第３条第３項の実効性を担保しています。

平成21年改正農地法第３条第３項により、企業の農業参入に対する要件を大幅に緩和され、門戸は大きく広げられました。

しかし、農業は地域産業ですから、地域の既存の営農者との調和が大変重要になります。

この点、農地法第３条第２項で定める許可要件に「地域において適切な役割分担を担うこと（農地法第３条第３項第２号）」と、地域との調和を図ることが、法律要件として法定化され、さらにこれに違反する場合の「勧告」「取消し」など、参入企業に対する法規制はより一層強化されているともいえます。

詳しくは第２章で解説しますが、このあたりの法律の目的や意図を勘案して、手続きを進めることは、スムーズな参入、参入後の維持発展に向けては重要なこととなります。

役所・官公署に関する基礎知識

新規農業参入においては、農地法に関する許認可をはじめ、各種協定書の締結等、役所・官公署との間でさまざまな手続きが必要になってきます。しかし、農業に関しては、関係する役所・官公署の機関が数多くあり、非常にわかりにくく、混乱されているケースを多々見受けられます。

そこで、まずは、関係する各役所・官公署の役割等について一般的な基礎知識として整理しておきます。具体的な手続きや方法に関しては第2章以降で解説します。

1 農業委員会

(1) 概　　要

農業委員会は、市町村の必置の執行機関（独立行政委員会）であり、一つの市町村に一つの農業委員会が置かれます。また、農業委員会は合議体の会議ですので、日常業務を行うため、通常、各市町村役所に常設の事務局が置かれています。主として、農地に関する許認可申請案件の審査を行います。

(2) 役　　割

農地利用の最適化、農地集積、耕作放棄地の解消、新規参入の促進を強力に進めるため、平成28年4月農業委員会法が改正されました。これに伴い農業委員会の役割、組織も大幅に見直されました。

○改正前

１．必須業務…農地法等によりその権限に属させた事項

新規農業参入等に関わるところでいいますと、具体的には、農地等の売買・賃借等の権利移動についての農地法第３条第１項に関する許可等の審査も行います。これに付随する「農地所有適格法人の適格審査」も農業委員会の処理事項になります。

２．任意業務

① 担い手への農地集積・集約化。耕作放棄地の発生防止・解消

② 法人化その他農業経営の合理化

③ 農業等に関する調査および研究

④ 農業および農民に関する情報提供

⑤ 農業および農民に関する事項についての意見公表、行政庁への建議または諮問への答申

○改正後

１．必須業務…1−①は変わらず。2−①が新規参入の促進も加え必須業務へ

２．任意業務

① 改正前 2−②③④は変更なし。2−⑤は削除

② 農地利用の最適化に関する施策について、PDCA サイクルを回して改善していくため、必要がある場合には、関係行政機関に対し施策の改善意見を提出しなければならない

新規参入においては、「新規参入の促進の推進」がこれまでの任意業務から必須業務になったことで、各農業委員会は今後取組みを始めていきます（法定の必須業務ですので、必ず取り組まなければならないことになります）。

農地中間管理機構（農地バンク）の取組みと相まって、今後ますます新規参入は進めやすくなってくるはずです。

(3) 組　　織

地域の農業をリードする担い手が透明なプロセスを経て確実に就任するようにするために、以下のとおり改正が行われました。

○改正前

農業委員会を構成する農業委員は、選挙と市町村長の選任により委員が選ばれ構成されていましたが、実際に選挙が行われているのは約１割程しかなくかつ選挙で選ばれる委員の約４割は兼業農家でした。

○改正後

1. 市町村議会の同意を要件とする市町村長の任命制とする
2. 過半を原則認定農業者とする
3. 農業者以外の者で、中立な立場で公正な判断をすることができる者を１人以上入れる
4. 女性・青年も積極的に登用する
5. 農業委員の定数は、委員会を機動的に開催できるよう、現行の半分程度とする。

●委員任命までの流れ

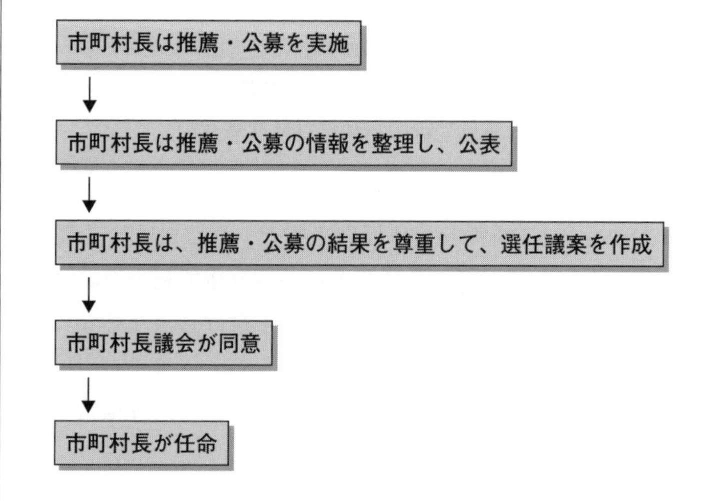

なお、担い手への農地集積・集約化、耕作放棄地の発生防止・解消、新規参入の促進が必須業務になったことから、原則として、農業委員とは別に新たに「農地利用最適化推進委員」を設置することとし、より的確に機能するよう配慮されています。

2 市町村役所（市町村役所の農村振興課、産業振興課、農林水産課等）

各市町村役所では、新規農業参入等の相談窓口を設けているところもあります。ただし、取組みや支援の内容、窓口は各市町村により異なりますので、農地を管轄する各市町村に問い合わせする必要があります。

ちなみに、筆者の経験では、農地の紹介や地域との連絡調整までしていただけるところもありましたが、基本的には民事不介入の立場から、一般的な情報提供にとどまるところがほとんどです（農地の紹介に関しても、基本的には、市町村が管理している農地であって数も限られています。一般農家が管理している農地に関しては、やはり不介入が原則となっています）。

3 農業普及指導センター

各都道府県の概ねの市・郡単位で設置されている都道府県の機関で、地域の農業の技術指導や経営指導を行っています。また、就農相談の窓口もあり、情報の提供や相談に応じています。具体的には営農計画の作成や制度資金活用の相談などに応じています。

特に新規参入の場合、地域の実情に合わせた営農計画を作るということは、許可を取得する上でも、参入後の営農においても大変重要なこととなります。農業普及指導センターは、地域の営農の状況についての情報を保有していますので、新規参入者にとって、大変重要な情報を得ることができる機関でもあります。

4 都道府県農業委員会ネットワーク機構（旧都道府県農業会議）

「農業委員会等に関する法律」に基づいて各都道府県内に設置される機関です。原則として市町村農業委員会の会長が会議員になるほか、都道府県内の各種農業団体の代表、学識経験者等の会議員で構成されています。農地所有適格法人設立に関しての相談等に応じています。

なお、平成28年4月の法改正に伴い、従来の農業委員会のサポート業務の他新規参入支援、法文化推進も業務として追加されました。また、現行の特別認可法人から移行し、名称も「都道府県農業会議」から「都道府県農業委員会ネットワーク機構」へと変わりました。

5 農業協同組合

主として農業者が組合員となり組織される農業協同組合法に基づく協同組合組織で、組合員に対する農業資材・物資の販売、農畜産物の集荷・販売、資金の貸出し等、農業者の生活全般に係る業務を行っています。

新規農業参入においては、例えば、農協への出荷を考えている場合等は、事前に相談をしておく必要があります。ちなみに、法手続き的には、農協はあくまで民間の一団体となりますので、特に相談、申請等が必要な機関ではありません。

6 農地中間管理機構

農地利用の促進、集約化、遊休農地の解消などを目的として、平成25年12月に各都道府県に「農地中間管理機構（農地バンク）」が設置されることとなりました。農地の仲介を行う役割も担っており、耕作が困難となった各農業者より農地情報を集め、新規農業参入企業、新規就農者、認定農業者等へ貸し出すなどを行っています。実情は、まだまだ農地情報が少なく、借り手希望者があふれる状況にありますが、今後の取組みが期待されます。

第2章

農業参入手続の実践

1 農業参入の３つの方法

第１章では、農業参入手続を行うに際し、必要と思われる基本的な事項について、各節毎に基礎知識として解説をしてきました。いずれの節の内容も、農業参入手続の前提となる重要な事項となります。第２章を読み進める際や実際の実務手続の場面において、確認をしてみてください。

第２章では、実際の農業参入の手続きの場面における具体的な手続きの進め方について解説をしていきます。そして、農業参入の方法には、さまざまな方法がありますが、本書では、現在、法制度化されている代表的な農業参入の方法を３つ取り上げます。

もちろん、ここで取り上げる以外の方法も考えられますが、特に事業として農業参入する場合を想定し、それに役立つと思われる方法について取り上げています。まずは、その３つの方法を概観します。

1 新規に法人を設立し農地所有適格法人化する方法

(1) 概　　要

まず、第１章では、「農地所有適格法人以外の法人は農地の権利を取得することができず、農地所有適格法人となるには、組織形態要件を始め、さまざまな要件を満たさなければならない」とお伝えし、各要件についても個別に解説を加えてきました。

新規に別法人を設立し農地所有適格法人化する方法とは、例えば異業種から農業参入を考える場合、既存の事業はそのままに、それとは別に農業事業を行う別事業会社を設立し、設立した新規法人を農地所有適格法人とし、法人としての農地の権利取得（農地法第３条１項許可取得）を行い、農業事業を開始する方法をいいます。詳しくは、該当の節で解説をしますが、新規設立の際、農地所有適格法人の各要件を満たすような形で設立を行います。

(2)　メリット

例えば、異業種の事業を行っている方（法人）が、この方法で農業参入する場合、最大のメリットは、既存の事業に対する制約を一切与えることなく、農業事業が開始できるというところにあります。

農地所有適格法人になるには、主たる事業が農業でなければならないとする事業要件があります。主たる事業の判断は、売上の過半が農業（関連事業含む）でなければならないとするものでした。

例えば、新規に法人を設立せずに、既存の法人を農地所有適格法人化すると、この事業要件を気にしながら既存の事業と農業事業を行わなければならないということになります。つまり、既存事業の売上が農業事業を含めた全事業売上の過半を過ぎないようにしなければなりません。

売上を気にしながら事業を行わなければならないというのは、事業拡大を目指す経営者にとっては、相当な負担が強いられることになるでしょう。既存事業だけでなく農業事業においても、大きなマイナスになりかねません。その他、構成員要件や業務執行役員要件など、他の要件でも制約が課せられます。

新規に法人を設立する方法では、この点を全く気にすることがなく、既存の事業はそのままに、農業事業も行うことができます。

その他、農地所有適格法人ということで、農地賃借だけではなく、購入（所有権の取得）も可能になりますし、各種補助事業や制度融資など、農地所有適格法人でなければ受けることができない制度なども存在します。

(3) デメリット

新規に法人を設立するということは、まず設立に関する登録免許税や手数料が必要になります。

その他、既存事業を行う法人とは別の法人になりますので、会計、決算が別になり、事務処理が増えることが挙げられます。しかし、会計、決算が別にあるほうが事業収支の確認や予算策定する際等、好都合のこともあるかと思います。必ずしもデメリットとはいえないかもしれません。

2 既存の法人を農地所有適格法人化する方法

(1) 概　　要

既存の法人を農地所有適格法人化する方法とは、例えば異業種から農業参入を考える場合、既存の事業を辞めて農業事業に業種転換する場合や、既存の事業を縮小して農地所有適格法人の要件の範囲内で既存事業を行うような場合に考えられる方法で、既存の法人を組織変更するなどして農地所有適格法人化し、法人としての農地の権利取得（農地法第３条１項許可取得）を行い、農業事業を開始する方法をいいます。

(2) メリット

新規に法人を設立しないので、設立に関する登録免許税や手数料が不要になります（ただし、組織変更に関する登録免許税や手数料は必要になる場合があります）。

既存事業を行う法人を活用するので、新規に法人を設立する場合と比べ、会計、決算が別々になることなく行えるので、事務処理工数に関しても、それほど変わるところなく行うことができます。その他、法人税や事業所税についても、もちろん一つの法人分で済みます。

(3) デメリット

95ページ、1(2)「新規に法人を設立し農地所有適格法人化する方法」のメリットが、そのまま、デメリットとなります。つまり、農地所有適格法人の要件を気にしながら、既存の事業や農業事業を行わなければならず、経営者にとって負担が大きくなります。ただ、既存事業を辞めて業種転換する場合や規模縮小する場合などは、この点、特に負担にならないかもしれません。

3 平成21年改正農地法を活用して農業参入する方法

(1) 概　　要

第1章第3節（75ページ）で解説しました平成21年12月施行の改正農地法第3条第3項の適用を受けて、農地賃借等により農業参入する方法です。①既存の法人で、そのまま農地賃借等を行う場合、②新規に法人を設立して農地賃借等を行う場合等が考えられます。

(2) メリット

事業要件、構成員要件、業務執行役員要件、組織要件等、農地所有適格法人の各要件を満たす必要がなく、農地賃借等が行える点が最大のメリットです。

例えば、異業種から農業参入を考える場合、既存の事業はそのままに、組織変更等も行うことなく農地賃借等を行い、農業事業を開始することができます（場合により、若干の組織変更が必要になることもあります）。したがって、「既存事業に加え、新規に農業事業部門を立ち上げる」というような位置付けで農業を行うことができます。

(3) デメリット

考えられるデメリットとしては「農地賃借と使用貸借による権利」以外の権利取得はできないということが挙げられます。したがって、農地を購入する（所有権を取得する）ことはできません（所有権取得の場合は、農地所有適格法人化する必要があります）。

しかし、「農地を購入する必要があるかどうか？」については、事業としての農業を始める場合、目指す営農計画と照らし合わせ慎重に判断すべき事項です。

少し余談ですが、もちろん地域や条件にもよりますが、農地の借賃は、10アール（1000m^2）当たり年間1～3万円程度からあります。特に新規農業参入で農業技術も未熟なうちは、一般的には賃借のほうが無難なように思えます。

その他、現状、各種補助事業や制度融資などのメニューが農地所有適格法人と比べると少ないということが挙げられます。しかし、これも今後、本改正農地法が広く浸透し、農業参入する法人が増えてくる等すると、メニューも充実してくるものと思われます。

4 3つの方法の選択

では、ご紹介してきました3つの方法の選択はどのように行えばよいでしょうか。

これまでの筆者の経験では、前ページ3「改正農地法を活用して農業参入する方法」が最も事業を行いやすいのではと感じています。やはり各種農地所有適格法人の要件を気にしながら行うのは、かなりの負担になりますし、特に設備投資などで大きな資金が必要になるケースにおいては、「所有と経営の分割」が可能となる本方法のほうがより資金を集めやすくなるのではないかと思います。

その上で、どうしても「農地の所有」が必要になるケースに限って、94ページ1の方法を選んでいくとよいと思います。

96ページ②「既存の法人を農地所有適格法人化する方法」については、既存法人の既存事業を撤退して農地事業に業種転換する場合や休眠となっている法人を活用する場合等の以外は、ほとんど現実的には、考えられないのではないかと思います。農地所有適格法人の各要件を満たすことは、それほど容易ではありません。

ところで、選択に際しては、各種農地所有適格法人等の要件の中身、手続きに要する難易度や時間、補助事業のメニューなども、一つの要因にはなるかと思います。しかし、最終的には「今後、事業をどのように展開していくのか？」といった「法人として事業方針に従った選択」を行うのが最もよいと思います。まずは「事業方針ありき」で選択してみてください。

●参入方法選択フローチャート

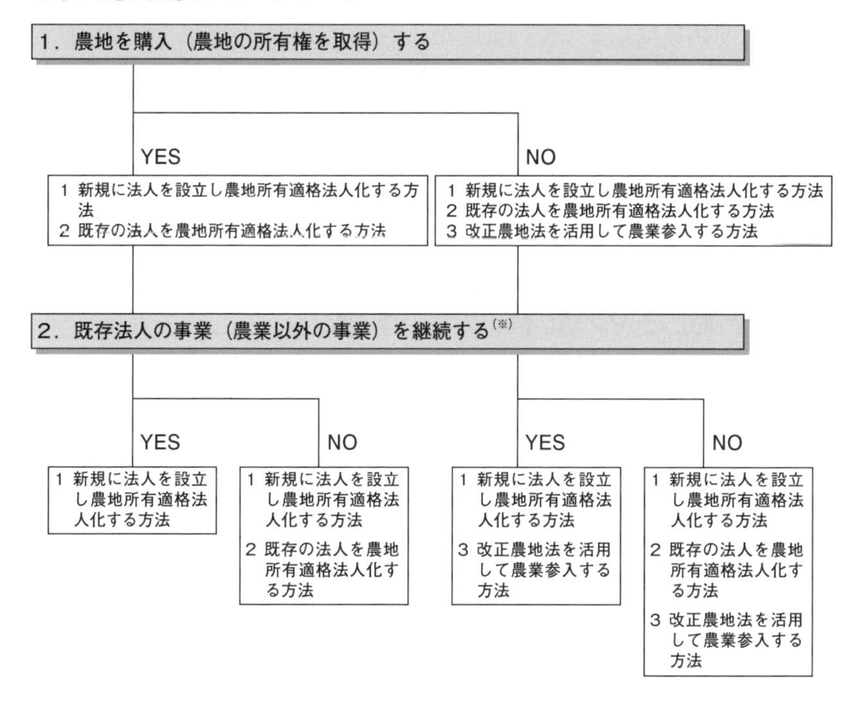

※「農業事業（関連事業）に該当するのかどうか？」についての判断は、基本的には、法令通達に基づき行います。行政書士等の専門家もしくは農業委員会等で確認をしてください。

新規に法人を設立して農業参入する方法

さて、本節では、前節で解説した3つの方法のうち、1つ目の「新規に法人を設立して農業参入する方法」について、具体的な手続きの進め方、方法等について解説をしていきます。

平成21年12月に改正農地法が施行され、前節（97ページ）でも紹介しました「平成21年改正農地法を活用して農業参入する方法」が可能になるなど、農業参入への門戸が大きく広がりました。改正農地法を活用した事例は増えてきていますが、本節の方法が基本になります。

本節で解説する内容は、他の2つの方法で農業参入する方法において、ほとんどの部分が重なります。したがって、本書では本節の内容を中心に解説をしていきます。まずは、手続きの流れ（全体像）を俯瞰します。

1 手続きの流れ（全体像）

ここでは、大きな流れを解説します。個別には次項以降で詳しく解説していきますので、まずは、手続きの全体像をつかむようにしてください。

(1)　基本構想の立案

↓　リサーチ、マーケット調査、営農計画案、組織構想案などを作成。

(2)　農地の確保

↓　農地の目途がない場合、基本構想に合致した農地を探します。
中間管理機構の活用も考えられます。

(3)　詳細計画の作成（地域や官公署等と事前協議）

↓　作付計画、収支計画、人員計画等も含め詳細な営農計画書を作成。
地域や官公署等との事前協議を行います。

(4)　申請書類の作成～確認

↓　農地法第３条第１項の許可申請書（案）などを作成し、農業委員会等で確認をします。

(5)　新規法人設立

↓　農地所有適格法人の要件に合致した形で、株式会社等の法人を設立します。

(6)　農地法第３条第１項の許可申請

↓　(4)(5)で作成確認した書類を仕上げて、農業委員会に申請します。

(7)　農業委員会会議への出席

↓　最終的な意思確認。営農計画の説明等。

(8)　農地法第３条第１項の許可

↓　法人新規許可の場合は、概ね申請より２ヵ月。

(9)　営農開始

ちなみに、異業種等からの新規参入の場合、(1)の基本構想から(9)の営農開始までの期間は、少なくとも6ヵ月以上はみておいたほうがよいでしょう。

もちろん、参入地域や事情により、かなりバラつきがありますので、一概にいえるものでもありませんが、特に新規参入の場合は、地域や地主さんの理解は欠かせません。(第1章第1節4(5)(50ページ)で前述しましたが、「地域との調和を図ること」は、農地法第3条第2項第7号で許可要件の一つになっています)。

農業は地域に根差した産業です。農業参入に関する手続きも、単に書類を作成して申請すればよいというものではありません。実務においても、単に書類を作って申請しただけでは通常、許可はおりません。

むしろ、多少時間をかけてでも、十分に地域の方に理解していただくことを心がけ、じっくりと手続きを進めるのがよいのではないでしょうか。

2 基本構想の立案

それでは、個別の手続きの解説に入ります。農業参入を考えたとき、まず一番最初に行うのが、基本構想の立案です。ここでは、大まかに、目指す営農類型、売上目標、メンバーなどを検討し、営農計画書案としてまとめていきます。

(1) 営農類型の検討

① 営農類型の検討

営農類型とは「どのような作物をどのような栽培方法で作るのか」というものを分類したもので、例えば、露地野菜栽培、施設野菜栽培、酪農、花き栽培、果樹栽培、稲作等が挙げられます。つまり、営農類型の検討とは「作る作物と作る方法」の検討のことです。

手順としては、まずは、どのような作物を作るのかを決めていけば、よいのではないでしょうか。作物が決まれば、栽培方法もある程度は決まっていきます。

例えば、キャベツを作りたいということであれば、通常は、露地栽培となりますし、トマトを作りたいということであれば、施設栽培というように、ある程度の営農類型は決まります。

もちろん、手順は色々と考えられますので、例えば、施設栽培を行うことを前提に、施設で作れる作物にする等も一つの方法でしょう。

②　地域の特性に合わせる

作物や栽培方法を検討する際、大切なのは、やみくもに検討するのではなく、なるべく参入を目指す地域の特性に合わせて選定するということです。特性に合ったものを選ぶということは、作りやすいとか販売しやすいとか、営農面でのメリットがあるだけではなく、農地法第３条第２項の許可要件、特に地域との調和要件にも関係してきます。（第１章第１節４(5)（50ページ）参照）

地域の特性に合わせるためには、地域のリサーチが必要になります。これについては、各地域ごと（およそ市郡単位）に都道府県の農業普及指導センターがありますので、そこで、地域の作物や栽培方法についての情報を得ることも有効な方法の一つです。

③　販売先を想定する

その他、販売先を想定して作物を選定するということも大切な視点です。農業も事業ですから、当然、生産物を適切な価格で販売し、収益を上げていかなければなりません。つまり、売れる作物、収益が上がりそうな作物を選定していくということも事業としては欠かせません。

そのためには、マーケット調査等を実施しておくのが望ましいでしょう。マーケット調査については、他の事業を開始する場合と何ら変わることはありませんが、可能であれば、この段階である程度販売先とのコネクションを作っておくのもよいと思います。

農業参入後において、よりスムーズな事業立ち上げにつながるのはもちろんのこと、農業参入手続の場面においても、営農計画について、単なる計画ではなく、当然、実現性を伴った信頼性のある計画が求められますので、販売先とのコネクションは重要になってきます。

(2) 売上目標の設定

次に、売上金額の目標額を設定します。これは、営農類型が決まった後でも前でもかまいません。例えば、雇用を確保しなければならない等、他に考慮すべき要因があれば、売上金額から逆算して営農類型を決めるということも必要になります。

だからといって、やみくもに目標を設定するのではなく、営農類型、地域の実情、想定する販売先の状況等から現実的な目標を設定することが大切です。

具体的には、例えば、前ページ(1)②の農業普及指導センターでのリサーチで、おおよそ、該当地域における作物の生産量の平均的な状況がみえてきますので、これを参考にします。

この段階では、想定販売単価×目標生産量＝売上目標　程度の粗いものでもよいでしょう。

その他、目標生産量がわかれば、おのずと必要になる農地の面積も見えてきますが、農地面積にしても、地域の実情を加味して設定してください。そもそも農地が少ない地域では、広大な農地が必要となる営農計画は成り立ちません。

想定販売単価に関しては、前ページ(1)③のマーケット調査から販売先の状況等を考慮して決めるのがよいでしょう。ただ、この段階で、特に販売先とのコネクション等がなければ、地域の卸売市場での取引価格等も参考になります。卸売市場での価格は、インターネット等で公表されているところもありますし、農業普及指導センターでも、地域の平均的な価格などの情報が得られる場合があります。

(3) メンバーの選定

中心になって農業事業を推進して行く人（意思決定する人)、現場で農作業を行う人、販売を担当する人等、農業事業を行うに際して必要となるメンバーを検討します。

メンバーを検討するにあたっては、第１章第２節２「農地所有適格法人の要件」（56ページ）のうち、特に⑶構成員要件と⑷業務執行役員要件に注意しながら、要件に合致するように検討を進めてください。

その他、例えば、株式会社形態で関係メンバー以外に出資者が別にいて、出資者が株主になろうとする場合には、出資者との関係（議決権制限等）を検討する必要が出てきます。本件についても、詳しくは⑶の構成員要件（69ページ）で解説していますので確認してください。

⑷　営農計画書案としてまとめる

以上の⑴営農類型⑵売上目標⑶メンバーなどの検討が進んだら、これらを一つの営農計画書案としてまとめます。

ここで作成する営農計画案は、主に、農地を探す際の説明資料や農業委員会へ許可手続に入る前の事前案内等として使います。説明先は、地主さん、地域の営農者、農業委員会、農林水産課等の役所関係等が考えられます。したがって、その他の記載事項として、メンバーのプロフィール、想定販売先、関係する会社の経歴、農業参入する目的、将来の目標などを盛り込むとよいでしょう。

書式は特に決まっていませんが、プレゼンテーションソフト等を活用すると使いやすいでしょう。

3　農地の確保

⑴　農地確保の方法

出来上がった営農計画案をもとに、計画に見合うような農地の確保を進めます。農地確保の方法ですが、基本的には、該当地域の農家さん（地主さん）に個別に交渉することになります。

第１章序節でもお伝えしましたが、農地に関する情報は、通常、不動産屋さんでも取扱いは、ほとんど行っておらず、非常に限られています。したがって、現状は、ツテを頼りに個別に探す他ありません。

ツテも何もなければ、まずは、地域の役所（農業委員会や農林水産課等）に相談してみてください。新規就農や新規参入の窓口を設定している役所もあります。その他、地域の商工会や農協等でも、相談に乗ってもらえる場合もあります。その際、先に作成した営農計画案が大活躍することになります。

(2) 農地確保の注意点

農家さん（地主さん）に対し、営農計画書案に基づき説明を行い、①農地を使わせていただくこと、②農地の権利移転（所有権や賃借権移転）のための農地法許可申請を行わせていただくこと、③許可取得の目途が経った段階で農地権利移転に関する契約をしていただくこと等の合意を行ってください。この段階では、上記①～③の内容に関する合意で進め、必要に応じ合意書等を交わしてください。

特に「農地法許可申請を行う」ということに関する合意が大事です。

農家さん（地主さん）の中には「農地は、いくらでも使っていいよ」と言う方がいます。もちろん善意でお話をされているのですが、この「使っていいよ」という言葉には、農地法許可申請まで想定していない場合（知らない場合、気がつかない場合）が、案外多いものです。

実態は、許可なく農地の貸し借りを行っているケースも多いようですが、これはもちろん農地法違反行為になります。法人として農業参入し、事業として発展継続させて行くのですから、法令に従って行うべきということは言うまでもありません。したがって、必ず正式に農業委員会に対して、農地の権利移転に関する農地法の許可申請まで行う旨の確認を行ってください。

また、農地に関しては、相続税の納税猶予制度というものがあり、相続税の支払い猶予を受けている農家さん（地主さん）がいます。納税猶予を受けている農地を他人に貸すなどして、権利移転を行った場合、納税猶予が打ち切られる場合があります。

猶予が打ち切られると利子税の支払い等、農家さん（地主さん）にとって、予期せぬ負担が生じる場合がございますので、この点も十分に注意して進めてください。

その他「該当農地の周辺で、どのような営農が行われているのか？」ということも大事なポイントとなります。例えば、慣行栽培が広く行われている地域において、自分だけ無農薬栽培を行うというのは、かなり難しくなりますし、場合によっては、許可が得られないことも考えられます（第１章第１節４⑸「地域との調和要件」50ページ参照）。

⑶　農地の権利移転に関する契約について

農地売買や農地賃借等、農地の権利移転に関する契約書を取り交わす時期については、特に定めはありませんし、手続上は申請時までにあればよいものです。

著者の経験では、許可要件が整って、許可が下りる目途がついた段階の申請直前に行うのが望ましいと感じます。

第１章でも解説しましたが、農地に関しては、農地法第３条第１項の許可がなければ、契約の効力自体発生しないということになっています。そして、許可取得にはさまざまな要件をクリアしなければなりません。

したがって、状況によっては、該当の農地においては、許可要件が整わないということも考えられます。もちろん農地法令に関する知見をもとに、例えば、許可が得られない場合の対処方法等も加味した上で、お互いにきちんと理解し、合意が取れた状態で契約を取り交わすのであればよいのですが、十分に理解しないままに契約しているケースも見受けます。

実際、筆者の事務所への相談で、許可申請や許可に関する事前調整も何もせず、先に農地に関する契約を交わし、売買手付金を支払い、農地の所有権移転の仮登記までして来られる方がいましたが、その後、許可要件を整えることができなかったケースもありました（仮登記は農地法の許可を得なくても行うことができます）。

このような状態で、契約を取り交わすのは、不確定要因が多く、その後のトラブルに発展しかねません。どうしても緊急に契約書の取り交わしが必要になるときは、事前に専門家等へ相談されることをお勧めします。

ちなみに、申請書への契約書の添付は特に法定されていません（下記用語解説参照）が、契約書の作成自体は、農地法により義務付けられています。

農地法第21条

農地又は採草放牧地の賃貸借契約については、当事者は、書面によりその存続期間、借賃等の額及び支払条件その他その契約並びにこれに付随する契約の内容を明らかにしなければならない。

なお、契約書作成上の注意点、書式等は、本節7⑵「農地の権利移転に関する契約書の締結」（193ページ）で解説します。

⑷　農地確保のポイント

少し余談となりますが、各地域に行きましたら、実は農地を手放したいと考えている農家さんの声を多く聞きます。高齢化が進み、後継者不足で農地管理に困っているところも全国各地に数多くあります。耕作放

用語解説　申請書添付書類としての契約書

農地法第３条第１項の申請に関しては、実は契約書そのものは、添付書類として定められているものではありません。ただ、申請書に契約の内容は記載しますし、実務上、添付する場合が多く、また地域によっては、契約書そのものを求められる場合があります。

改正農地法第３条第３項による農地賃借等による許可を取得する場合には、契約書は添付書類となります（詳しくは第４節「平成21年改正農地法を活用して農業参入する方法」（206ページ）で解説）。

棄農地も拡大し、40万ha近くになったという統計データもあります。

農業は地域に根差した産業であるということは何度もお伝えしましたが、特に新規農業参入の場合、どんな人（企業）が入ってくるのかということは、その地域の方にとっては非常に関心の高い、また直接生活に影響する可能性もある大きな事柄でもあります。

このような状況の中、いかにその地域に貢献していくかという視点は、とても大切な視点です。このような視点を持って、地域に入っていけば、農地確保もスムーズに進むのではないでしょうか。

4 詳細計画の作成（地域や官公署等との事前協議）

営農を開始する農地が決まったら、次は、その農地に合わせて営農計画書（案）をより詳細な営農計画へとブラッシュアップしていきます。

具体的には、生産する作物についての作付計画、工数表（人員計画）、収支計画などを作成し、一つの営農計画書としてまとめます。その他、定款案も作成しておきます。

また、該当農地を管轄する農業委員会等の関係官公署に対しての事前協議も同時に行います。それでは、各内容について解説していきます。

(1) 作付計画の作成

作付計画とは、作物を栽培するための一連の作業をフロー化したもので、具体的には、種まき、植え付け、収穫などの一連の農作業周期を示したものです。圃場別や作物別に作成します。最初に作付計画を作成することで、現実的な生産量が見えてきます。生産量がわかれば、収支計画を立てることが容易になります。

作成の手順ですが、おおよそ以下のとおり進めると、比較的スムーズに作成することができます。

① 栽培品目についての調査

栽培する品目毎に、播種時期、定植（苗を圃場に植え付けること）時期、収穫時期、使用する農薬や肥料の種類・量、労働時間、標準的な収穫量等を調べます。これらの情報については、地域の農業普及指導センターで入手できる場合がありますし、なければ農業専門書籍等で調査してください。

② 作付計画案の作成

①で調査した情報をもとに、作付計画案を作成します。以下に品目別および圃場別の作付計画書のモデルを掲載しておきますので、参考にしてください。

③ 作付計画の仕上げ

作付計画案ができたら、地域の実情を加味して、修正を行います。

当然、地域により気象条件も違いますし、播種時期や収穫時期など作付も異なってきます。これらの情報は、地域の農業普及指導センターで入手できる場合もありますし、地域の農家さんへのヒアリングや農協へのヒアリング等で、情報を入手してください。

その他、販売先との関係や人員の状況等も考慮し、収穫期間等の調整を行ってください。できるだけ一時に収穫が集中しないようにするのがよいと思います。

(2) 工数表（人員計画）の作成

農作業は季節により、かかる工数も大きく変わってきます。どの時期にどの位の人員が必要になるのかを検証し、計画していきます。ここも(1)と同様に情報を入手し、品目別に人員計画を作成します。極力、作業が一時に集中しないようにする等、作付計画と照らしながら検討を進めます。

少し余談ですが、農業には各種の研修助成制度があります。国、各都

●作付計画書（品目別）サンプル

作付計画書（品目別）

	品目	目標収穫量（10a当たり）	目標出荷量（10a当たり）	施肥量（10a当たり）	農薬（10a当たり）
1	キャベツ	3,000kg	2,100kg	堆肥 3,000kg 苦土石灰 160kg 有機 020 130kg 有機 282 30kg NK 化成 30kg	ロブラール 200g アタブロン 75cc Z ボルドー 400g カスミンボルドー 200g
2	キャベツ	3,000kg	2,100kg		
3	キャベツ	3,000kg	2,100kg		
4	キャベツ	3,000kg	2,100kg	堆肥 3,000kg 苦土石灰 100kg 有機 020 150kg 有機 282 30kg NK 化成 20kg	ロブラール 200g アタブロン 75cc
5	キャベツ	3,000kg	2,100kg		
6	葉ネギ	2,000kg	1,400kg	堆肥 3,000kg 苦土石灰 120kg BM ようりん 40kg CDUS682 100kg 尿素 19.5kg	
7	葉ネギ	2,000kg	1,400kg		
8	葉ネギ	2,000kg	1,400kg		

	作業	3月			4月			5月			6月			7月			8月			9月			10月			11月			12月		
		上	中	下	上	中	下	上	中	下	上	中	下	上	中	下	上	中	下	上	中	下	上	中	下	上	中	下	上	中	下
1	播種													10	15																
	定植																10	15													
	収穫																						■	■	■						
2	播種															20															
	定植																		20												
	収穫																								■	■	■				
3	播種															25															
	定植																		25												
	収穫																										■	■	■	■	
4	播種																				20	25									
	定植																									10					
	収穫								■	■	■	■																			
5	播種																		20												
	定植																						10								
	収穫		■	■	■	■																									
6	播種			○																											
	定植									○																					
	収穫															■	■	■	■	■	■	■	■	■							
7	播種											○																			
	定植																○														
	収穫																							■	■	■	■	■	■	■	
8	播種																							○							
	定植	○																													
	収穫				■	■	■	■	■	■	■	■	■	■																	

●作付計画書（圃場別）サンプル

作付計画書（圃場別）

	品目	作付面積	目標 収穫量	目標 出荷量	作業	1月			2月			3月			4月			5月			6月			7月			8月			9月			10月			11月			12月		
						上	中	下	上	中	下	上	中	下	上	中	下	上	中	下	上	中	下	上	中	下	上	中	下	上	中	下	上	中	下	上	中	下	上	中	下
A 圃場（50a）																																									
1	葉ネギ	50a	10,000kg	7,000kg	播種																	○																			
					定植																						○														
					収穫																																				
2	葉ネギ	50a	10,000kg	7,000kg	播種																													○							
					定植							○																													
					収穫																																				
B 圃場（＊＊a）																																									
1	キャベツ	50a	15,000kg	10,500kg	播種																			10	15																
					定植																						10	15													
					収穫																																				
2	キャベツ	50a	15,000kg	10,500kg	播種																					20															
					定植																								20												
					収穫																																				
3	キャベツ	50a	15,000kg	10,500kg	播種																					25															
					定植																								25												
					収穫																																				
8	葉ネギ	150a	30,000kg	21,000kg	播種																													○							
					定植							○																													
					収穫																																				
収穫 C 圃場（50a）																																									
5	キャベツ	25a	7,500kg	5,250kg	播種																								20												
					定植																												10								
					収穫																																				
4	キャベツ	25a	7,500kg	5,250kg	播種																									10											
					定植																													15							
					収穫																																				
6	葉ネギ	50a	10,000kg	7,000kg	播種									○																											
					定植															○																					
					収穫																																				

道府県、市町村など、さまざまな制度があります。研修費を助成してもらえる制度や人材を紹介してもらえるようなものもあります。情報は各市町村役所、農政事務所、農林水産省等でも入手できますので、うまく活用してください。

⑶　設備投資計画の作成

トラクター、トラック、パイプハウス等、営農類型に合わせて必要になる設備の導入計画を立てます。新規農業参入の場合、これら設備購入のための初期費用は、どうしても必要になりますが、極力初期費用は抑えたいものです。

無理な投資を避けるためにも、ここでしっかりと必要なものをピックアップし、投資に対する回収を考慮して計画を立ててください。

⑷　収支計画の作成

これまで作成した⑴作付計画、⑵工数表、⑶設備投資計画をもとに、収支計画を作成します。具体的な手順としては、作付計画より栽培品目別に生産量を算出し、算出した生産量から売上額を導きます。さらに、工数表や設備投資計画から経費を算出すれば収支としてまとめることができます。

生産量、販売単価については、地域の実情も加味し加減します。さらに、新規農業参入の場合、農業技術の習熟等も考慮する必要があります。無理のない範囲で設定してください。

次ページに収支計画書のサンプルを掲載しておきますので、参考にしてください（なお、数値はあくまでサンプルですので、実在するものではありません）。

●収支計画書（目標年度）サンプル

収支計画書（目標年度）

営農類型	キャベツ・ネギの露地栽培
販売先	株式会社 DEF

経営面積

種目	品目	面積
キャベツ・ネギ		250a

作付面積

種目	品目・作	面積
キャベツ	キャベツ	200a
ネギ	葉ネギ	300a

売上目標額

種目	出荷量（kg）	単価（千円）	金額（千円）
キャベツ	42,000	0.12	5,040
ネギ	42,000	0.6	25,200
		合計	30,240

初期投資額

品名	能力	数量または面積	単価（千円）	金額（千円）
トラクター	27ps	1	3,600	3,600
ロータリー	大型	1	1,200	1,200
アタッチメント	粗耕起	1	500	500
平高成形機	畝立て	1	500	500
乗用管理機	防除機	1	4,700	4,700
移植機	キャベツ	1	700	700
移植機	ネギ	1	1,100	1,100
肥料散布機 A	肥料散布	1	350	350
肥料散布機 B	肥料散布	1	170	170
高床作業機	クローラ運搬車	1	590	590
刈払機		2	60	120
チェーンソー		2	70	140
低温貯蔵庫	1 坪	2	890	1,780
皮むき洗浄機	ネギ	1	2,000	2,000
軽トラック		1	1,000	1,000
育苗ハウス	6 × 50m	1	1,500	1,500
			合計	19,950

原価償却　　　　　（定額法）

品名	償却基準価格	耐用年数	償却率	償却高
トラクター	3,240	8	0.125	405.0
ロータリー	1,080	5	0.200	216.0
アタッチメント	450	5	0.200	90.0
平高成形機	450	5	0.200	90.0
乗用管理機	45,230	5	0.200	846.0
移植機	630	5	0.200	126.0
移植機	990	5	0.200	198.0
肥料散布機 A	315	5	0.200	63.0
肥料散布機 B	153	5	0.200	30.6
高床作業機	531	5	0.200	106.2
~~刈払機~~	~~108~~	~~3~~	~~0.333~~	~~36.0~~
~~チェーンソー~~	~~126~~	~~3~~	~~0.333~~	~~42.0~~
低温貯蔵庫	1,602	6	0.166	265.9
皮むき洗浄機	1,800	5	0.200	360.0
~~軽トラック~~	~~900~~	~~4~~	~~0.250~~	~~225.0~~
育苗ハウス	1,350	10	0.100	135.0
			合計	2,931.7

生産原価（ネギ）

項目	延べ作付面積 （× 10a）	単価（千円） 10a 1 作当たり	金額（千円）
種苗費	30	18	540
肥料費	30	45	1,350
薬剤費	30	6	180
諸材料費	30	3	90
労働費	30	360	10,800
		合計	12,960

生産原価（キャベツ）

項目	延べ作付面積 （× 10a）	単価（千円） 10a 1 作あたり	金額（千円）

種苗費	20	10	220
肥料費	20	23	460
薬剤費	20	22	440
諸材料費	20	3	60
労働費	20	80	1,600
		合計	2,760

生産原価（共通）

項目	面積（× 10a）	単価（千円）	金額（千円）
流通経費			1,512
農地賃料	25	15	375
		合計	1,887

損益計算	
項目	金額（千円）
売上高	30,240
生産原価	17,606
減価償却	2,932
役員報酬	9,000
差引利益	701

● 10ヵ年収支計画サンプル

		令２ １年目	令３ ２年目	令４ ３年目	令５ ４年目	令６ ５年目	令７ ６年目	令８ ７年目	令９ ８年目	令10 ９年目	令11 10年目
売上高		5,040	13,440	16,800	27,216	30,240	30,240	30,240	32,760	32,760	32,760
	延べ作付面積	160a	380a	380a	500a	500a	500a	500a	500a	500a	500a
	種苗費	208	524	524	740	740	740	740	740	740	740
	肥料費	500	1,270	1,270	1,810	1,810	1,810	1,810	1,810	1,810	1,810
	農薬費	256	548	548	620	620	620	620	620	620	620
	労務費	2,960	8,080	8,080	12,400	12,400	12,400	12,400	12,400	12,400	12,400
	減価償却費	3,235	3,235	3,235	3,157	2,932	806	540	540	135	135
	生産雑費	423	489	489	525	525	525	525	525	525	525
生産費合計		7,582	14,146	14,146	19,252	19,027	16,901	16,635	16,635	16,230	16,230
売上総利益		－2,542	－706	2,654	7,964	11,213	13,339	13,605	16,125	16,530	16,530
	役員報酬			1,000	5,500	9,000	10,000	10,000	12,000	12,000	12,000
	運送費	353	941	1,176	1,905	1,512	1,512	1,512	1,638	1,638	1,638
販売管理費合計		353	941	2,176	7,405	10,512	11,512	11,512	13,638	13,638	13,638
税引前当期利益		－2,894	－1,646	478	559	701	1,827	2,093	2,487	2,892	2,892
累積利益		－2,894	－4,541	－4,063	－3,503	－2,802	－975	1,118	3,605	6,497	9,389

⑸　定款案の作成

メンバー検討、人員計画の検討の後、法人としての組織を検討の上、定款案を作成します。定款案については、第1章第2節2で解説しました「農地所有適格法人の要件」（56ページ）に見合うように注意することが必要になります。

組織の検討や定款案について、わからないところがある場合は、通常、都道府県農業委員会ネットワーク機構でも相談窓口があります。もしくは、行政書士等の専門家にご相談ください。

なお、本書では、定款の作成方法やサンプルについて詳しくは本節6「新規法人設立」（159ページ）で解説します。

⑹　営農計画書としてまとめる

最後に、これまで作成した⑴作付計画、⑵工数表、⑶設備投資計画、⑷収支計画に本節2「基本構想の立案」（102ページ）で検討した、メンバーのプロフィール、想定販売先、関係する会社の経歴、農業参入する目的、将来の目標などを加え、一つの営農計画書としてまとめます。

書式は特に決まったものはありませんので、使いやすい書式を活用してください。

ところで、計画する期間についてですが、農地所有適格法人の場合、農地所有適格法人の事業要件を証明するため「直近3ヵ年の事業の実施状況及び今後3ヵ年の事業計画」が求められますが、農業事業に関して実績のない新規法人の場合は「今後3ヵ年の事業計画」を記載することとされています。

したがって、法手続き上は、今後3ヵ年の計画があればよいということになります。

ただ、特に新規農業参入の場合、1～2年目は十分な収穫量を上げるのは難しいことが想定され、実際の事業推進上、有効な営農計画としての役割を考えた場合には、最低でも5ヵ年の計画は立てておきたいところです。

さらには、新規で初期投資が加わる場合、最低でも設備の法定耐用年数期間分（ちなみにトラクターは８年）は把握しておきたいですし、借入等が加わると、10年位はみておきたいところです。

ちなみに、各種支援策が受けられる認定農業者になるには、5ヵ年の営農計画が求められますので、認定農業者を目指す場合は、5ヵ年計画は必須になります。

(7)　地域や官公署との事前協議

ある程度、営農計画書としてまとまったら、次に、地域や関係する官公署と営農計画についての協議を行います。具体的には、農地提供者(地主さん)、地域の営農組合、水利組合、農業委員会事務局、地域の担当農業委員、農業改良普及センター、都道府県農業委員会ネットワーク機構等への説明し理解を求めます。

まずは、農業委員会事務局へ相談してみてください。その後、関係する農業普及指導センターや都道府県農業委員会ネットワーク機構等の官公署関係と協議します。

また、必要に応じ、地域の農業委員、営農組合、水利組合等へ説明に行きます（申請時に同意書等が必要になる場合があります。同意書の有無や内容については、地域により異なりますので、該当地域の農業委員会事務局へ確認してください)。

そこで特に大事なのは、営農を開始しようとする農地の周辺地域の理解です。作成した営農計画で理解が得られないようであれば、計画の修正も必要になります。これら協議を通じ、最終的に理解が得られるような営農計画書に仕上げてください。

ちなみに、官公署関係については、通常、作付計画、営農技術、栽培方法、収支などは、地域の農業普及指導センターが農地所有適格法人の組織に関すること、定款に関すること等については都道府県農業委員会ネットワーク機構が相談窓口となっています。

(8) 営農計画書の役割

農業も事業ですから、事業開始するに際して計画を立てるというのは、さかのぼれば、そもそも農業参入するかしないかの判断材料としても有効ですし、もちろん農業参入後の事業推進においても、とても大切なものになってきます。

特に、自身の事業が順調に進んでいるか、計画と照らして確認するプロセスは、事業の軌道修正や方針決定等を行う際にとても重要です。これら営農計画書の役割については、農業事業だからといって特に他の事業と変わるところはありません。

さて、ここでは上記の通常の役割ではなく、農業参入の手続きに着目し「農業参入手続の場面における営農計画書の役割」について解説していきます。営農計画書の役割について考えながら計画していくというのは、手続きをスムーズに進めるに際して、とても有効な手段となります。

① 法令記載事項の基礎資料としての役割

農地法第3条第1項の許可申請を行う場合、農業委員会に対し申請書を提出しますが、申請書への記載事項については、以下の法令規則に定めがあり、これに従うことになります。

以下の記載事項ついては、実務では所定の申請書に記載することとなりますが（記載方法等、詳しくは、本節5(2)「申請書、添付書類の作成」（157ページ）で解説します）、記載する売上数字等をはじめとする記載内容については、営農計画の内容がその基礎となります。

また、営農計画を作る際、法令記載事項を意識しながら作るのも手続きの手法としては有意義です。

農地法施行令第１条

法第３条第１項の許可を受けようとする者は、農林水産省令で定めるところにより、農林水産省令で定める事項を記載した申請書を農業委員会に提出しなければならない。

農地法施行規則第11条（抜粋）

令第１条の農林水産省令で定める事項は、次に掲げる事項とする。

（中略）

⑤　権利を取得しようとする者又はその世帯員等についての次に掲げる事項

イ　（省略）

ロ　これらの者の耕作又は養畜の事業に必要な機械の所有の状況、農作業に従事する者の数等の状況

⑥　権利を取得しようとする者が農地所有適格法人である場合には、次に掲げる事項

イ　農地所有適格法人が現に行っている事業の種類及び売上高並びに権利の取得後における事業計画

ロ　農地所有適格法人の構成員の氏名又は名称及びその有する議決権

ハ　農地所有適格法人の構成員からその農地所有適格法人に対して権利を設定し、又は移転した農地又は草放牧地の面積

ニ　（省略）

ホ　農地所有適格法人の構成員のその農地所有適格法人の行う農業への従事状況及び権利の取得後における従事計画

ヘ　法第２条第３項第２号ヘに掲げる者が農地所有適格法人の構成員となっている場合には、その構成員がその農地所有適格法人に委託している農作業の内容（注）

ト　（省略）

チ　農地所有適格法人の理事等の氏名及び住所並びにその農地所有適格法人の行う農業への従事状況及び権利の取得後における従事計画

リ　農地所有適格法人の理事等又は使用人のうち、その農地所有適格法人の行う農業に必要な農作業に従事する者の役職名及び氏名並びにその農地所有適格法人の行う農業に必要な農作業（その者が使用人である場合には、その農地所有適格法人の行う農業及び農作業）への従事状況及び権利の取得後における従事計画

⑪　権利を取得しようとする者又はその世帯員等の権利の取得後におけるその行う耕作又は養畜の事業が、権利を設定し、又は移転しようとする農地又は採草放牧地の周辺の農地又は採草放牧地の農業上の利用に及ぼすことが見込まれる影響

⑫⑬　（省略）

⑭　その他参考となるべき事項

（注）第1章第2節2(3)②「農作業委託農家」（70ページ）参照

②　添付書類としての役割

実は営農計画書そのものは、法令規則によっては特に必須の添付書類という扱いにはなっていません。したがって、作成した営農計画書に基づき申請書にその内容を記載してさえすれば、別途営農計画書を添付しなくてもよい場合もあります。また、添付させる場合にも申請者に過度の負担を強いることのないよう注意すべき旨の通知が出されています。

営農計画書は、法令規則においては必須の添付書類にはなっていませんが、地域によっては添付を求められる場合も多くあります。特に新規農業参入においては、ほぼ添付を求められると考えておいてよいでしょう。

いずれにしても、営農計画書は作成し、関係官公署等の理解を得るた

めにも添付しておくのが望ましいでしょう。

農地法施行規則第 10 条第２項

（中略）

③　権利を取得しようとする者が農地所有適格法人である場合には、その組合員名簿又は株主名簿の写し

（中略）

⑩　その他参考となるべき書類

平成 21 年 12 月 11 日　21 経営 4608　農地法関係事務処理要領の制定について　第１　１

⑶　許可申請書に則第10条第２項第９号の「その他参考となるべき書類」（営農計画書、損益計算書の写し、総会議事録の写し等）を添付させる場合には、申請負担軽減の観点から、特に次のことに留意する。

ア　許可申請書の記載事項の真実性を裏付けるために必要不可欠なものであるかどうか

イ　申請の却下又は許可若しくは不許可の判断に必要不可欠なものであるかどうか

ウ　既に保有している資料と同種のものでないかどうか

③　裏付け資料としての役割

法人としての新規農業参入手続の場面における農地法第３条第１項の許可申請においては、同条第２項各号に掲げる許可要件を裏付けるための資料として、営農計画書の役割は、大変重要なものになります。

とりわけ、「全部効率利用要件」（第１章第１節４⑴（45 ページ）参照）を満たしていることを、証明するには、新規農業参入の場合、実績もないことから、営農計画書によるところが大きくなってきます。

なお、「許可要件」については、法令規則だけではなく、許可の判断基準となる処理基準が関係通知により示されています。本書の該当ペー

ジにも関係通知を掲載しておりますので必ず確認をしてください。

「全部利用効率要件」についての判断基準として示されている「農地法関係事務に係る処理基準について第3　3(2)」には、「近傍の自然的条件及び利用上の条件が類似している農地等との生産性と比較して判断する」とあります。つまり、前述した地域のリサーチを踏まえた営農計画の作成が大変重要になってきます。

さらに、同通知には「機械、労働力については、今後確保すると見込まれるものも含む」とあり、新規の場合、見込みによるところが多いと思われることから、これらについてもしっかりと設備投資計画や人員計画等で示すことが大切です。

また、農地法第3条第2項第1号の「農地のすべてを効率的に利用して耕作を行う」の「すべて」を裏付けるためには、圃場別作付計画書が大変有効なものとなります。

このように営農計画書は、これら許可要件を裏付ける資料として大変有効なものであり、この意味でも、特に新規農業参入の場合には、必須作成種類ともいえます。

もちろん、農地所有適格法人の各要件を裏付ける資料としても必要になります。

■営農計画書

株式会社 ABC 営農計画書

作成日　令和2年×月×日

作成者　株式会社 ABC（××年×月×日設立予定）

代表取締役　山田太郎

目次

1．株式会社 ABC 会社概要

【代表取締役】　山田太郎

【取締役】　鈴木次郎

> 農地法第２条第３項第３号農地所有適格法人の業務執行役員要件を満たすことができる者を記載すること。

【本店所在地】　○県○市○町○番

【資本金】　○○○○

> 農地法第２条第３項第２号農地所有適格法人の構成員要件を満たすことができる者を記載すること。

【設立】　○年○月　設立予定

【株主構成員】　山田太郎（45株）　農業従事（予定）者
鈴木次郎（30株）　農業従事（予定）者
㈱DEF　（25株）　農作物販売先（取引会社）

【取引先】　㈱○○○○

> 農地法第３条第２項第５号下限面積要件を満たしていること。また同法同項第１号全部効率利用要件にも注意。農地が、あまりにも離れた場所にある場合等は、見直しも必要。

【経営農地】　△県△市△町△番　5,000㎡（田中一郎氏より借地予定、A圃場）
△県△市△町△番　15,000㎡（田中一郎氏より借地予定、B圃場）
△県△市△町△番　5,000㎡（田中一郎氏より借地予定、C圃場）

【保有設備、施設】　設備投資計画に従い導入予定

2．メンバープロフィール

代表取締役山田太郎
　○○町にて、農地所有適格法人○○で３年間農業に従事。今回、農地所有適格法人立上げと同時に退職。
　農地所有適格法人立上げ後、主に、農作物の生産部門を担当する。
・
・
・

取締役鈴木次郎
　代表取締役山田太郎の友人。㈱ＤＥＦ退職後、本事業に参画。
　農地所有適格法人立上げ後、主に、農作物の販売部門を担当する。
・
・
・

㈱DEF
　食品販売会社。資本金○○○円。本店○○県○○市。○○市中心に店舗数××以上展開。
　取締役鈴木次郎の出身会社。今回、本農地所有適格法人より農作物を仕入れて販売する。
・
・
・

３．事業目的

－１．生産者と販売者が連携し、法人として一体となって事業に取り組むことで、農業経営のさらなる発展を図る。
－２．周辺の生産者とも協力し、地域の生産物、特産品の販売拡大に貢献する。
－３．周辺の遊休農地活用、雇用の増大など、地域経済の発展にも貢献する。
・
・
・

農地法第３条第２項第７号地域との調和要件や改正農地法を利用して参入する場合には、農地法第３条第３項第２号地域での適切な役割分担要件も考慮すること。

４．作付計画

－１．作物別作付計画

		10a当たり			
	品目	目標収穫量	目標出荷量	施肥量	農薬
1	キャベツ	3,000kg	2,100kg	堆肥 3,000kg 苦土石灰 160kg 有機 020 130kg 有機 282 30kg NK 化成 30kg	ロブラール 200g アタブロン 75cc Z ボルドー 400g カスミンボルドー 200g
2	キャベツ	3,000kg	2,100kg		
3	キャベツ	3,000kg	2,100kg		
4	キャベツ	3,000kg	2,100kg	堆肥 3,000kg 苦土石灰 100kg 有機 020 150kg 有機 282 30kg NK 化成 20kg	ロブラール 200g アタブロン 75cc
5	キャベツ	3,000kg	2,100kg		
6	九条ネギ	2,000kg	1,400kg	堆肥 3,000kg 苦土石灰 120kg BM ようりん 40kg CDUS682 100kg 尿素 19.5kg	
7	九条ネギ	2,000kg	1,400kg		
8	九条ネギ	2,000kg	1,400kg		

		3月			4月			5月			6月			7月			8月			9月			10月			11月			12月		
	作業	上	中	下	上	中	下	上	中	下	上	中	下	上	中	下	上	中	下	上	中	下	上	中	下	上	中	下	上	中	下
1	播種													10	15																
	定植																10	15													
	収穫																														
2	播種															20															
	定植																		20												
	収穫																														
3	播種															25															
	定植																		25												
	収穫																														
4	播種																				20	25									
	定植																									10					
	収穫																														
5	播種																		20												
	定植																						10								
	収穫																														
6	播種			○																											
	定植									○																					
	収穫																														
7	播種											○																			
	定植																○														
	収穫																														
8	播種																							○							
	定植	○																													
	収穫																														

目標収穫量は季節により異なる場合は修正する。（本資料はサンプルのため、同じ収穫量になっている）その他、参入する地域の情報を確認し、計画に反映させる等、修正を加える。

－2．圃場別作付計画

						1月			2月			3月			4月			5月			6月			7月			8月			9月			10月			11月			12月		
	品目	作付面積	目標 収穫量	目標 出荷量	作業	上	中	下	上	中	下	上	中	下	上	中	下	上	中	下	上	中	下	上	中	下	上	中	下	上	中	下	上	中	下	上	中	下	上	中	下
A 圃場（50a）																																									
1	九条ネギ	50a	10,000kg	7,000kg	播種																	○																			
					定植																						○														
					収穫																																				
2	九条ネギ	50a	10,000kg	7,000kg	播種																													○							
					定植							○																													
					収穫																																				
B 圃場（＊＊a）																																									
4	キャベツ	50a	15,000kg	10,500kg	播種																			10	15																
					定植																						10	15													
					収穫																																				
5	キャベツ	50a	15,000kg	10,500kg	播種																					20															
					定植																								20												
					収穫																																				
6	キャベツ	50a	15,000kg	10,500kg	播種																					25															
					定植																								25												
					収穫																																				
2	九条ネギ	150a	30,000kg	21,000kg	播種																													○							
					定植							○																													
					収穫																																				
収穫 C 圃場（50a）																																									
7	キャベツ	25a	7,500kg	5,250kg	播種																								20												
					定植																												10								
					収穫																																				
8	キャベツ	25a	7,500kg	5,250kg	播種																									10											
					定植																													15							
					収穫																																				
3	九条ネギ	50a	10,000kg	7,000kg	播種									○																											
					定植															○																					
					収穫																																				

品目別作付計画をもとに、圃場別作付計画に落とし込む。収穫時期が一度に重ならないようにする等、調整を行う。法手続的には、農地法第３条第２項第１号の全部効率利用要件充足を裏付ける資料にもなる。

5．工数表（人員計画）

－1．労働時間（初年度の総労働時間）

(h)

	1月	2月	3月	4月	5月	6月	7月	8月	9月	10月	11月	12月	合計
ネギ	××	××	300	××	××	××	××	××	××	××	××	××	2,700
キャベツ	××	××	100	××	××	××	××	××	××	××	××	××	1,000
合計	××	××	400	××	××	××	××	××	××	××	××	××	3,700

－2.労働時間（目標年度の総労働時間）

(h)

	1月	2月	3月	4月	5月	6月	7月	8月	9月	10月	11月	12月	合計
ネギ	××	××	××	××	××		××	××	××	1,200	××	××	13,500
キャベツ	××	××	××	××	××	××	××	××	××	100	××	××	1,600
合計	××	××	××	××	××	××	××	××	××	1,300	××	××	15,100

参考）作物別10アール当たりの労働時間　ネギ　450時間　キャベツ　100時間

－3．人員計画

(人)

	1年目	2年目	3年目	4年目	5年目	6年目	7年目	8年目	9年目	10年目
役員	2	2	2	2	2	2	2	2	2	2
常雇		1	1	2	2	2	2	2	2	2
パート		6	6	10	10	10	10	10	10	10
合計	2	9	9	14	14	14	14	14	14	14

6．設備投資計画

品名	能力	数量または面積	単価（千円）	金額（千円）	導入年度	資金
トラクター	27ps	1	3,600	3,600	平×年	借入
ロータリー	大型	1	1,200	1,200	・・・	・・・
アタッチメント	粗耕起	1	500	500	・・・	・・・
平高成形機	畝立て	1	500	500	・・・	・・・
乗用管理機	防除機	1	4,700	4,700	・・・	・・・
移植機	キャベツ	1	700	700	・・・	・・・
移植機	ネギ	1	1,100	1,100	・・・	・・・
肥料散布機Ａ	肥料散布	1	350	350	・・・	・・・
肥料散布機Ｂ	肥料散布	1	170	170	・・・	・・・
高床作業機	クローラ運搬車	1	590	590	・・・	・・・
刈払機		2	60	120	・・・	・・・
チェーンソー		2	70	140	・・・	・・・
低温貯蔵庫	１坪	2	890	1,780	・・・	・・・
皮むき洗浄機	ネギ	1	2,000	2,000	・・・	・・・
軽トラック		1	1,000	1,000	・・・	・・・
育苗ハウス	６×50m	1	1,500	1,500	・・・	・・・
			合計	19,950		

7．収支計画

－1．初年度単年収支計画

営農類型	キャベツ・ネギの露地契約栽培
契約販売先	株式会社 DEF

経営面積

種目	品目	面積
キャベツ・ネギ		250a

作付面積

種目	品目・作	作付面積
キャベツ	キャベツ	100a
ネギ	葉ネギ	60a

農地以外の事業および農業関連事業での売上がある場合には、ここに追加して記載しておく。この場合、農地法第２条第３項第１号の農地所有適格法人の事業要件に注意すること。

売上目標額

種目	出荷量（kg）	単価（千円）	金額（千円）
キャベツ	16,800	0.1	1,680
ネギ	6,720	0.5	3,360
		合計	5,040

初期投資額

品名	能力	数量または面積	単価（千円）	金額（千円）
トラクター	27ps	1	3,600	3,600
ロータリー	大型	1	1,200	1,200
アタッチメント	粗耕起	1	500	500
平高成形機	畝立て	1	500	500
乗用管理機	防除機	1	4,700	4,700
移植機	キャベツ	1	700	700
移植機	ネギ	1	1,100	1,100
肥料散布機A	肥料散布	1	350	350
肥料散布機B	肥料散布	1	170	170
高床作業機	クローラ運搬車	1	590	590
刈払機		2	60	120
チェーンソー		2	70	140
低温貯蔵庫	1坪	2	890	1,780
皮むき洗浄機	ネギ	1	2,000	2,000
軽トラック		1	1,000	1,000
育苗ハウス	6×50m	1	1,500	1,500
			合計	19,950

減価償却　（定額法）

品名	償却基準価額	耐用年数	償却率	償却高
トラクター	3,240	8	0.125	405.0
ロータリー	1,080	5	0.200	216.0
アタッチメント	450	5	0.200	90.0
平高成形機	450	5	0.200	90.0
乗用管理機	4,230	5	0.200	846.0
移植機	630	5	0.200	126.0
移植機	990	5	0.200	198.0
肥料散布機A	315	5	0.200	63.0
肥料散布機B	153	5	0.200	30.6
高床作業機	531	5	0.200	106.2
刈払機	108	3	0.333	36.0
チェーンソー	126	3	0.333	42.0
低温貯蔵庫	1,602	6	0.166	265.9
皮むき洗浄機	1,800	5	0.200	360.0
軽トラック	900	4	0.250	225.0
育苗ハウス	1,350	10	0.100	135.0
			合計	3,234.7

生産原価（ネギ）

項目	延べ作付 面積（×10a）	単価（千円） 10a１作当たり	金額（千円）
種苗費	6	18	108
肥料費	6	45	270
薬剤費	6	6	36
諸材料費	6	3	18
労働費	6	360	2,160
		合計	2,592

生産原価（キャベツ）

項目	延べ作付 面積（×10a）	単価（千円） 10a１作当たり	金額（千円）
種苗費	10	10	100
肥料費	10	23	230
薬剤費	10	22	220
諸材料費	10	3	30
労働費	10	80	800
		合計	1,380

生産原価（共通）

項目	面積（×10a）	単価（千円）	金額（千円）
流通経費			352.8
農地賃料	25	15	375
		合計	727.8

損益計算

項目	金額（千円）
売上高	5,040
生産原価	4,700
減価償却	3,235
役員報酬	
差引利益	−2,894

－2．目標年度（5年目）単年収支計画

営農類型	キャベツ・ネギの露地契約栽培
契約販売先	株式会社 DEF

経営面積

種目	品目	面積
キャベツ・ネギ		250a

作付面積

種目	品目・作	作付面積
キャベツ	キャベツ	200a
ネギ	葉ネギ	300a

売上目標額

種目	出荷量（kg）	単価（千円）	金額（千円）
キャベツ	42,000	0.12	5,040
ネギ	42,000	0.6	25,200
		合計	30,240

減価償却　　（定額法）

品名	償却基準価額	耐用年数	償却率	償却高
トラクター	3,240	8	0.125	405.0
ロータリー	1,080	5	0.200	216.0
アタッチメント	450	5	0.200	90.0
平高成形機	450	5	0.200	90.0
乗用管理機	4,230	5	0.200	846.0
移植機	630	5	0.200	126.0
移植機	990	5	0.200	198.0
肥料散布機 A	315	5	0.200	63.0
肥料散布機 B	153	5	0.200	30.6
高床作業機	531	5	0.200	106.2
~~刈払機~~	~~108~~	~~3~~	~~0.333~~	~~36.0~~
~~チェーンソー~~	~~126~~	~~3~~	~~0.333~~	~~42.0~~
低温貯蔵庫	1,602	6	0.166	265.9
皮むき洗浄機	1,800	5	0.200	360.0
~~軽トラック~~	~~900~~	~~4~~	~~0.250~~	~~225.0~~
育苗ハウス	1,350	10	0.100	135.0
			合計	2,931.7

生産原価（ネギ）

項目	延べ作付 面積（×10a)	単価（千円） 10a１作当たり	金額（千円）
種苗費	30	18	540
肥料費	30	45	1,350
薬剤費	30	6	180
諸材料費	30	3	90
労働費	30	360	10,800
		合計	12,960

生産原価（キャベツ）

項目	延べ作付 面積（×10a)	単価（千円） 10a１作当たり	金額（千円）
種苗費	20	10	200
肥料費	20	23	460
薬剤費	20	22	440
諸材料費	20	3	60
労働費	20	80	1,600
		合計	2,760

生産原価（共通）

項目	面積（×10a)	単価（千円）	金額（千円）
流通経費			1,512
農地賃料	25	15	375
		合計	1,887

損益計算

項目	金額（千円）
売上高	30,240
生産原価	17,607
減価償却	2,932
役員報酬	9,000
差引利益	701

－３．10ヵ年収支計画

		令2 1年目	令3 2年目	令4 3年目	令5 4年目	令6 5年目	令7 6年目	令8 7年目	令9 8年目	令10 9年目	令11 10年目
売上高		5,040	13,440	16,800	27,216	30,240	30,240	30,240	32,760	32,760	32,760
	延べ作付面積	160a	380a	380a	500a	500a	500a	500a	500a	500a	500a
	種苗費	208	524	524	740	740	740	740	740	740	740
	肥料費	500	1,270	1,270	1,810	1,810	1,810	1,810	1,810	1,810	1,810
	農薬費	256	548	548	620	620	620	620	620	620	620
	労務費	2,960	8,080	8,080	12,400	12,400	12,400	12,400	12,400	12,400	12,400
	減価償却費	3,235	3,235	3,235	3,157	2,932	806	540	540	135	135
	生産雑費	423	489	489	525	525	525	525	525	525	525
生産費合計		7,582	14,146	14,146	19,252	19,027	16,901	16,635	16,635	16,230	16,230
売上総利益		−2,542	−706	2,654	7,964	11,213	13,339	13,605	16,125	16,530	16,530
	役員報酬			1,000	5,500	9,000	10,000	10,000	12,000	12,000	12,000
	運送費	353	941	1,176	1,905	1,512	1,512	1,512	1,638	1,638	1,638
販売管理費合計		353	941	2,176	7,405	10,512	11,512	11,512	13,638	13,638	13,638
税引前当期利益		−2,894	−1,646	478	559	701	1,827	2,093	2,487	2,892	2,892
累積利益		−2,894	−4,541	−4,063	−3,503	−2,802	−975	1,118	3,605	6,497	9,389

5 申請書類の作成・確認

営農計画書の作成、地域や関係官公署との協議に目途が付いたら（理解を得ることができたら）、次は、農地法第３条第１項の申請書類および添付書類を作成します。

必要となる申請書への記載事項や添付種類に関しては、慣習や条例等、地域により若干異なるところもありますが、ここでは、基本となる法令規則通知等に定められた内容について解説します。

(1) 農地法第３条第１項の許可申請に関する法令・規則・判例・通知等の確認

ところで、農地法許可申請をはじめ、行政法規に関する法手続きに関しては、手続きの方法について、必ず法令の根拠が存在します。これは、行政の恣意的な運用を防止する意味もあります。

もちろん、農地法第３条第１項の許可申請についても、法令規則により、申請の方法、記載事項、添付種類等について定めがあります。

少し話がそれましたが、行政書士等の専門家が“業”として、申請業務を行う場合、申請手続の根拠となる法令規則を確認しておくことは、きわめて大事なことです。もちろん専門家でなくても、根拠法令を確認しておくことは、手続きをスムーズに進める上でも大変有効なものとなります。

① 許可申請全般に関する法令・規則・判例

農地法施行令第１条

法第３条第１項の許可を受けようとする者は、農林水産省令で定めるところにより、農林水産省令で定める事項を記載した申請書を農業委員会に提出しなければならない。

農地法施行規則第 10 条第 1 項（抜粋）

令第1条の規定により申請書を提出する場合には、当事者が連署するものとする。

本書、第1章第1節3「どこに許可を申請すればよいのか」(43ページ）で、農地法第3条第1項の許可は、農業委員会が行うと解説しました。そして、許可申請書の提出については上記農地法第3条に定めがあり、農業委員会に提出するとされています。

農地法施行規則第10条第1項の「当事者」とは、例えば、農地賃貸借の場合は、農地賃貸人（地主さん）と農地賃借人のこと、農地売買の場合は、農地売主（地主さん）と農地買主のことになります。「連署」とは、双方の署名が必要ということです。

ちなみに、署名は自署のことで、原則、本人の自署が必要になります。しかし、実際は記名押印（ワープロ等で記入して押印する等）でも認められるところもあり、対応は窓口により異なっているようです。取扱いについては、各農業委員会事務局で確認してください。法人の場合は、法人代表者の署名（記名押印で認められるところもあります）となります。

水戸地判昭 51. 1. 20

農地法3条の許可申請書に申請者の自署を欠いても、その瑕疵は右許可申請及びこれに基づく県知事の許可を無効とする程重大かつ明白なものと解することはできない。

最判昭 35. 10. 11

農地の賃貸人は、別段の事情がない限り、その賃貸借契約上当然に相手方のため、賃借権設定許可申請に協力する義務があるものと解すべきである。

②　申請書記載事項に関する法令・規則・通知

申請書への記載事項については、135ページの農地法施行令第１条により、「農林水産省令で定める事項を記載」とあり、以下の規則に定めがあります。沢山あって、一見取り付きにくい感じもしますが、実務においては、通知等で定められている様式例に従い、記入すれば、基本的には、すべて網羅されるようになっています。

農地法施行規則第11条（抜粋）

令第１条の農林水産省令で定める事項は、次に掲げる事項とする。

①　権利の設定又は移転の当事者の氏名及び住所（法人にあっては、その名称主たる事務所の所在地並びに代表者の氏名）

②　申請に係る土地の所在、地番、地目（登記簿の地目と現況による地目が異なるときは、登記簿の地目及び現況による地目）、面積及びその所有者の氏名又は名称

③　申請に係る土地に所有権以外の使用及び収益を目的とする権利が設定されている場合には、当該権利の内容並びにその設定を受けている者の氏名又は名称

④　権利を設定し、又は移転しようとする契約の内容

⑤　権利を取得しようとする者又はその世帯員等についての次に掲げる事項

イ　これらの者が現に所有し、又は所有権以外の使用及び収益を目的とする権利を有している農地及び採草放牧地の利用の状況

ロ　これらの者の耕作又は養畜の事業に必要な機械の所有の状況、農作業に従事する者の数等の状況

⑥　権利を取得しようとする者が農地所有適格法人である場合には、次に掲げる事項

イ　農地所有適格法人が現に行っている事業の種類及び売上高並びに権利の取得後における事業計画

ロ　農地所有適格法人の構成員の氏名又は名称及びその有する議決権

ハ　農地所有適格法人の構成員からその農地所有適格法人に対して権利を設定し、又は移転した農地又は草放牧地の面積

ニ　（省略）

ホ　農地所有適格法人の構成員のその農地所有適格法人の行う農業への従事状況及び権利の取得後における従事計画

ヘ　法第2条第3項第2号ヘに掲げる者が農地所有適格法人の構成員となっている場合には、その構成員がその農地所有適格法人に委託している農作業の内容（注1）

ト　（省略）

チ　農地所有適格法人の理事等の氏名及び住所並びにその農地所有適格法人の行う農業への従事状況及び権利の取得後における従事計画

リ　農地所有適格法人の理事等又は使用人のうち、その農地所有適格法人の行う農業に必要な農作業に従事する者の役職名及び氏名並びにその農地所有適格法人の行う農業に必要な農作業（その者が使用人である場合には、その農地所有適格法人の行う農業及び農作業）への従事状況及び権利の取得後における従事計画

⑦　省略（信託引受等による場合に関する内容）

⑧　省略（個人の場合に関する内容）

⑨　権利を取得しようとする者又はその世帯員等が権利の取得後においてその耕作又は養畜の事業に供する農地及び採草放牧地の面積

⑩　省略（質入れ等に関する内容）

⑪　権利を取得しようとする者又はその世帯員等の権利の取得後におけるその行う耕作又は養畜の事業が、権利を設定し、又は移転しようとする農地又は採草放牧地の周辺の農地又は採草放牧地の農業上の利用に及ぼすことが見込まれる影響（注2）

⑫　権利を取得しようとする者が法第３条第３項の規定の適用を受けて同条第一項の許可を受けようとする場合には、次に掲げる事項（注３）

イ　地域の農業における他の農業者との役割分担の計画

ロ　その者が法人である場合には、その法人の業務を執行する役員のうち、その法人の行う耕作又は養畜の事業に常時従事する者の役職名及び氏名並びにその法人の行う耕作又は養畜の事業への従事状況及び権利の取得後における従事計画

⑬　（省略）

⑭　その他参考となるべき事項

（注１）第１章第２節２⑶②「農作業委託農家」（70ページ）参照

（注２）第１章第１節４⑸「地域との調和要件」（50ページ）参照

（注３）改正農地法の適用を受けて農業参入する場合の記載事項（206ページ以降）参照

平成21年12月11日　21経営4608　農地法関係事務処理要領の制定について　第１　１

１　法第３条第１項の許可申請手続

⑴　許可申請書は、様式例第１号の１によるものとし、許可を受けようとする農地又は採草放牧地（以下「農地等」という。）の所在地を管轄する農業委員会へ提出する。

以下に様式例を掲載します。

様式例第１号の１

農地法第３条の規定による許可申請書

令和××年×月×日

農業委員会会長　殿

当事者

〈譲渡人〉
住所　△県△市△町△番
氏名　田中一郎　印

〈譲受人〉
住所　○県○市○町○番
氏名　株式会社 ABC　印
代表取締役山田太郎

下記農地（採草放牧地）について {所有権 / (賃借権) / 使用賃借による権利 / その他使用収益権} を {(設定)（期間○○年間） / 移転}

したいので、農地法第３条第１項に規定する許可を申請します。（該当する内容に○を付してください。）

記

１　当事者の氏名等

当事者	氏名	年齢	職業	住所
譲渡人	田中一郎	××才	農業	△県△市△町△番
譲受人	株式会社 ABC 代表取締役 山田太郎	××才	農業	△県△市△町△番

2　許可を受けようとする土地の所在等（土地の登記事項証明書を添付してください。）

所在・地番	地目		面積（m²）	対価、賃料の額（円）（10a 当たりの額）	所有者の氏名又は名称（現所有者の氏名又は名称（登記簿と異なる場合））	所有権以外の使用収益権が設定されている場合	
	登記簿	現況				権利の種類、内容	権利者の氏名又は名称
				50,000 円	田中一郎		
△町△番	田	畑	5,000	150,000 円	田中一郎		
△町△番	畑	畑	15,500	50,000 円	田中一郎		
△町△番	田	畑	5,000	10,000 円 /10a			

3　権利を設定し、又は移転しようとする契約の内容

権利を移転しまたは設定しようとする時期：本件許可日
権利の移転もしくは設定の価格または賃借料：250,000 円／年
上記の 10 アール当たりの価額：10,000 円／年
備考（賃借権の期間、その他）：賃借権、５年間

（記載要領）
1　申請者の氏名（法人にあってはその代表者の氏名）を自著する場合においては、押印を省略することができます。
2　法人である場合は、住所は主たる事務所の所在地を、氏名は法人の名称及び代表者の氏名をそれぞれ記載し、定款又は寄付行為の写しを添付（独立行政法人及び地方公共団体を除く。）してください。
3　競売、民事調停等による単独行為での権利の設定又は移転である場合は、当該競売、民事調停等を証する書面を添付してください。
4　記の3は、権利を設定又は移転しようとする時期、土地の引渡しを受けようとする時期、契約期間等を記載してください。また、水田裏作の目的に供するための権利を設定しようとする場合は、水田裏作として耕作する期間の始期及び終期並びに当該水田の表作及び裏作の作付に係る事業の概要を併せて記載してください。

農地法第３条の規定による許可申請書（別添）

Ⅰ　一般申請記載事項

全部効率利用要件に関する事項
1-1 は、現在の農地所有等の状況を記入する。所有していない場合は空欄でよい。

〈農地法第３条第２項第１号関係〉

１－１　権利を取得しようとする者又はその世帯員等が所有権等を有する農地及び採草放牧地の利用の状況

		農地面積（m^2）	田	畑	樹園地	採草放牧地面積（m^2）
所有地	自作地					
所有地	貸付地					

		所在・地番		地目 登記簿	地目 現況	面積（m^2）	状況・理由
所有地	非耕作地						

		農地面積（m^2）	田	畑	樹園地	採草放牧地面積（m^2）
所有地以外の土地	自作地					
所有地以外の土地	貸付地					

		所在・地番	地目 登記簿	地目 現況	面積（m^2）	状況・理由
所有地以外の土地	非耕作地					

（記載要領）

1 「自作地」、「貸付地」及び「借入地」には、現に耕作又は養畜の事業に供されているものの面積を記載してください。

なお、「所有地以外の土地」欄の「貸付地」は、農地法第３条第２項第６号の括弧書きに該当する土地です。

2 「非耕作地」には、現に耕作又は養畜の事業に供されていないものについて、筆ごとに面積等を記載するとともに、その状況・理由として、「～であることから条件不利地である」、「賃借人○○が○年間耕作を放棄している」、「～のため○年間休耕中である」等耕作又は養畜の事業に供することができない旨を詳細に記載してください。

１－２　権利を取得しようとする者又はその世帯員等の機械の所有の状況、農作業に従事する者の数等の状況

⑴　作付（予定）作物、作物別の作付面積

	田	畑			樹園地			採草放牧地
作付（予定）作物		葉ネギ	キャベツ					
権利取得後の面積（m^2）		25,000 m^2	20,000 m^2					

⑵　大農機具又は家畜

種類 / 数量		トラクター	管理機	移植機	皮むき洗浄機	軽トラック	育苗ハウス
確保しているもの	所有 リース						
導入予定のもの	所有 リース	１台	１台	２台	１台	１台	300$m^2$1棟
（資金繰りについて）		借入	自己資金	自己資金	自己資金	自己資金	借入

（記載要領）

１「大農機具」とは、トラクター、耕うん機、自走式の田植機、コンバイン等です。「家畜」とは、牛、豚、鶏等です。

２　導入予定のものについては、自己資金、金融機関からの借入れ（融資を受けられることが確実なものに限る。）等資金繰りについても記載してください。

⑶　農作業に従事する者

①　権利を取得しようとする者が個人である場合には、その者の農作業経験等の状況

農作業歴○○年、農業技術修学歴○○年、

その他（　　　　　　　　　　　　　　　　　）

② 世帯員等その他常時雇用している労働力（人）	現在：2人（**農作業経験の状況：1人は農地所有適格法人にて3年間農作業に従事した経験あり**）
	増員予定：1人（農作業経験の状況：　　）
③ 臨時雇用労働力（年間延人数）	現在：0　　（農作業経験の状況：　　）
	増員予定：10人（延1,250人）（農作業経験の状況：　　）

④ ①～③の者の住所地、拠点となる場所等から権利を設定又は移転しようとする土地までの平均距離又は時間　**②は拠点より徒歩数分。③は地元の○○農協で募集予定。**

〈農地法第3条第2項第2号関係〉（権利を取得しようする者が農地所有適格法人である場合のみ記載してください。）

農地所有適格法人要件に関する事項

2　その法人の構成員等の状況（別紙に記載し、添付してください。）

別紙のとおり

〈農地法第3条第2項第3号関係〉

3　信託契約の内容（信託の引受けにより権利が取得される場合のみ記載してください。）

個人の場合のみ記入

〈農地法第3条第2項第4号関係〉（権利を取得しようとする者が個人である場合のみ記載してください。）

4　権利を取得しようとする者又はその世帯員等のその行う耕作又は養畜の事業に必要な農作業への従事状況（「世帯員等」とは、住居及び生計を一にする親族並びに当該親族の行う耕作又は養畜の事業に従事するその他の２親等内の親族をいいます。)

農作業に従事する者の氏名	年齢	主たる職業	権利取得者との関係(本人又は世帯員等)	農作業への年間従事日数	備考

(記載要領)

備考欄には、農作業への従事日数が年間150日に達する者がいない場合に、その農作業に従事する者が、その行う耕作又は養畜の事業に必要な行うべき農作業がある限りこれに従事している場合は○を記載してください。

〈農地法第３条第２項第５号関係〉　下記面積要件に関する事項

５－１　権利を取得しようとする者又はその世帯員等の権利取得後における経営面積の状況（一般）

(1)　権利取得後において耕作の事業に供する農地の面積の合計
(権利を有する農地の面積＋権利を取得しようとする農地の面積)
＝ **25,000** (m^2)

(2)　権利取得後において耕作又は養畜の事業に供する採草放牧地の面積の合計
(権利を有する採草放牧地の面積＋権利を取得しようとする採草放牧地の面積)　＝　　(m^2)

5－2　権利を取得しようとする者又はその世帯員等の権利取得後における経営面積の状況（特例）

以下のいずれかに該当する場合は、5－1を記載することに代えて該当するものに印を付してください。

下限面積要件の特例に関する事項。該当する場合のみ記入（農地法施行令第6条第3項1～3号に定める事項）

□　権利の取得後における耕作の事業は、草花等の栽培でその経営が集約的に行われるものである。

□　権利を取得しようとする者が、農業委員会のあっせんに基づく農地又は採草放牧地の交換によりその権利を取得しようとするものであり、かつ、その交換の相手方の耕作の事業に供すべき農地の面積の合計又は耕作若しくは養畜の事業に供すべき採草放牧地の面積の合計が、その交換による権利の移転の結果所要の面積を下ることとならない。

（「所要の面積」とは、北海道で2ha、都府県で50aです。ただし、農業委員会が別に定めた面積がある場合は当該面積です。）

□　本件権利の設定又は移転は、その位置、面積、形状等からみてこれに隣接する農地又は採草放牧地と一体として利用しなければ利用することが困難と認められる農地又は採草放牧地につき、当該隣接する農地又は採草放牧地を現に耕作又は養畜の事業に供している者が権利を取得するものである。

転貸禁止要件の適用除外に関する事項。該当する場合のみ記入（農地法第3条第2項第6号かっこ書きに定める事項）

〈農地法第3条第2項第6号関係〉

6　農地又は採草放牧地につき所有権以外の権原に基づいて耕作又は養畜の事業を行う者（賃借人等）が、その土地を貸し付け、又は質入れしようとする場合には、以下のうち該当するものに印を付してください。

□　賃借人等又はその世帯員等の死亡等によりその土地について耕作、採草又は家畜の放牧をすることができないため一時貸し付けようとする場合である。

□　賃借人等がその土地をその世帯員等に貸し付けようとする場合である。

□　農地利用集積円滑化団体がその土地を農地売買等事業の実施により貸し付けようとする場合である。

□　その土地を水田裏作（田において稲を通常栽培する期間以外の期間稲以外の作物を栽培すること。）の目的に供するため貸し付けようとする場合である。

（表作の作付内容＝　　　　　、裏作の作付内容＝　　　　　）

□　農地所有適格法人の常時従事者たる構成員がその土地をその法人に貸し付けようとする場合である。

〈農地法第３条第２項第７号関係〉　←　地域との調和要件に関する事項

7　周辺地域との関係

権利を取得しようとする者又はその世帯員等の権利取得後における耕作又は養畜の事業が、権利を設定し、又は移転しようとする農地又は採草放牧地の周辺の農地又は採草放牧地の農業上の利用に及ぼすことが見込まれる影響を以下に記載してください。

（例えば、集落営農や経営体への集積等の取組への支障、農薬の使用方法の違いによる耕作又は養畜の事業への支障等について記載）

区分	有・無	内容	講ずる措置
地域の水利調整等への影響	無	地域の水利組合等と利用調整を行う。	水利利用に関して地域に協力する。
地域で慣行的に行われている営農手法への影響	無	その土地の慣行に従って行う。	近隣農家の方や○○改良普及センターの指導を受け栽培を行う。
その他	無		

Ⅱ　使用賃借又は賃貸借に限る申請での追加記載事項　←　農地法第３条第３項を活用して農業参入する場合のみ記載

権利を取得しようとする者が、農業所有適格法人以外の法人である場合、又は、その者又はその世帯員等が農作業に常時従事しない場合には、

Ⅰの記載事項に加え、以下も記載してください。
（留意事項）
農地法第３条第３項第１号に規定する条件その他適正な利用を確保するための条件が記載されている契約書の写しを添付してください。また、当該契約書には、「賃貸借契約が終了したときは、乙は、その終了の日から○○日以内に、甲に対して目的物を原状に復して返還する。乙が原状に復することができないときは、乙は甲に対し、甲が原状に復するために要する費用及び甲に与えた損失に相当する金額を支払う。」、「甲の責めに帰さない事由により賃貸借契約を終了させることとなった場合には、乙は、甲に対し賃借料の○年分に相当する金額を違約金として支払う。」等を明記することが適当です。

〈農地法第３条第３項第２号関係〉
８　地域との役割分担の状況
地域の農業における他の農業者との役割分担について、具体的にどのような場面でどのような役割分担を担う計画であるかを以下に記載してください。
（例えば、農業の維持発展に関する話し合い活動への参加、農道、水路、ため池等の共同利用施設の取決めの遵守、獣害被害対策への協力等について記載してください。）

共同利用施設（農道、水路、ため池等）の利用計画	各施設の利用規則を遵守して利用する。
地域における鳥獣害被害対策への協力計画	地域の対策計画に従い参加協力する。
地域農業の維持発展への取組の参加計画	○○地域営農組合に参加し協力する。
その他参考となる事項	

〈農地法第３条第３項第３号関係〉（権利を取得しようとする者が法人である場合のみ記載してください。）
９　その法人の業務を執行する役員のうち、その法人の行う耕作又は養

畜の事業に常時従事する者の氏名及び役職名並びにその法人の行う耕作又は養畜の事業への従事状況

(1)　氏名　**山田太郎**

(2)　役職名　**代表取締役**

(3)　その者の耕作又は養畜の事業への従事状況

その法人が耕作又は養畜の事業（労務管理や市場開拓等も含む。）を行う期間：　**5**年

そのうちその者が当該事業に参画・関与している期間：

年　　か月（直近の実績）

5年　　か月（見込み）

農地法第３条第２項の不許可要件の例外に関する事項。該当する場合にのみ記入（農地法第３条第２項但書および農地法施行令第６条第１項２項に定める事項）

Ⅲ　特殊事由により申請する場合の記載事項

10　以下のいずれかに該当する場合は、該当するものに印を付し、Ⅰの記載事項のうち指定の事項を記載するとともに、それぞれの事業・計画の内容を「事業・計画の内容」欄に記載してください。

(1)　以下の場合は、Ⅰの記載事項全ての記載が不要です。

□　その取得しようとする権利が地上権（民法（明治29年法律第89号）第269条の２第１項の地上権）又はこれと内容を同じくするその他の権利である場合

（事業・計画の内容に加えて、周辺の土地、作物、家畜等の被害の防除施設の概要と関係権利者との調整の状況を「事業・計画の内容」欄に記載してください。）

□　農業協同組合法（昭和22年法律第132号）第10条第２項に規定する事業を行う農業協同組合若しくは農業協同組合連合会が、同項の委託を受けることにより農地又は採草放牧地の権利を取得しようとする場合、又は、農業協同組合若しくは農業協同組合連合会が、同法第11条の31第１項第１号に掲げる場合において使用貸借による権利若しくは賃借権を取得しようとする場合

□　権利を取得しようとする者が景観整備機構である場合

（景観法（平成16年法律第110号）第56条第2項の規定により市町村長の指定を受けたことを証する書面を添付してください。）

(2)　以下の場合は、Ｉの1－2（効率要件）、2（農地所有適格法人要件）、5（下限面積要件）以外の記載事項を記載してください。

□　権利を取得しようとする者が法人であって、その権利を取得しようとする農地又は採草放牧地における耕作又は養畜の事業がその法人の主たる業務の運営に欠くことのできない試験研究又は農事指導のために行われると認められる場合

□　地方公共団体（都道府県を除く。）がその権利を取得しようとする農地又は採草放牧地を公用又は公共用に供すると認められる場合

□　教育、医療又は社会福祉事業を行うことを目的として設立された学校法人、医療法人、社会福祉法人その他の営利を目的としない法人が、その権利を取得しようとする農地又は採草放牧地を当該目的に係る業務の運営に必要な施設の用に供すると認められる場合

□　独立行政法人農林水産消費安全技術センター、独立行政法人種苗管理センター又は独立行政法人家畜改良センターがその権利を取得しようとする農地又は採草放牧地をその業務の運営に必要な施設の用に供すると認められる場合

(3)　以下の場合は、Ｉの2（農業所有適格法人要件）、5（下限面積要件）以外の記載事項を記載してください。

□　農業協同組合、農業協同組合連合会又は農事組合法人（農業の経営の事業を行うものを除く。）がその権利を取得しようとする農地又は採草放牧地を稚蚕共同飼育の用に供する桑園その他これらの法人の直接又は間接の構成員の行う農業に必要な施設の用に供すると認められる場合

□　森林組合、生産森林組合又は森林組合連合会がその権利を取得しようとする農地又は採草放牧地をその行う森林の経営又はこれ

らの法人の直接若しくは間接の構成員の行う森林の経営に必要な樹苗の採取又は育成の用に供すると認められる場合

□　乳牛又は肉用牛の飼養の合理化を図るため、その飼養の事業を行う者に対してその飼養の対象となる乳牛若しくは肉用牛を育成して供給し、又はその飼養の事業を行う者の委託を受けてその飼養の対象となる乳牛若しくは肉用牛を育成する事業を行う一般社団法人又は一般財団法人が、その権利を取得しようとする農地又は採草放牧地を当該事業の運営に必要な施設の用に供すると認められる場合

（留意事項）

上述の一般社団法人又は一般財団法人は、以下のいずれかに該当するものに限ります。該当していることを証する書面を添付してください。

・その行う事業が上述の事業及びこれに附帯する事業に限られている一般社団法人で、農業協同組合、農業協同組合連合会、地方公共団体その他農林水産大臣が指定した者の有する議決権の数の合計が議決権の総数の４分の３以上を占めるもの

・地方公共団体の有する議決権の数が議決権の総数の過半を占める一般社団法人又は地方公共団体の拠出した基本財産の額が基本財産の総額の過半を占める一般財団法人

□　東日本高速道路株式会社、中日本高速道路株式会社又は西日本高速道路株式会社がその権利を取得しようとする農地又は採草放牧地をその事業に必要な樹苗の育成の用に供すると認められる場合

（事業・計画の内容）

農地所有適格法人としての事業等の状況（別紙）

〈農地法第２条第３項第１号関係〉 ← 事業要件に関する事項

１－１　事業の種類

区分	農業		左記農業に該当しない事業の内容
	生産する農畜産物	関連事業等の内容	
現在（実績又は見込み）			
権利取得後（予定）	葉ネギ・キャベツ		

１－２　売上高

年度	農業	左記農業に該当しない事業
３年前（実績）		
２年前（実績）		
１年前（実績）		
申請日の属する年（実績又は見込み）	5,040,000円	
２年目（見込み）	13,440,000円	
３年目（見込み）	16,800,000円	

〈農地法第２条第３項第２号関係〉 ← 構成員要件に関する事項

２　構成員全ての状況

(1)　農業関係者（権利提供者、常時従事者、農作業委託者、農地中間管理機構、地方公共団体、農業協同組合、投資円滑化法に基づく承認会社等）

氏名又は名称	議決権の数	構成員が個人の場合は以下のいずれかの状況				
		農地等の提供面積（m^2）		農業への従事状況（　年　ヵ月）		農作業委託の内容
		権利の種類	面積	直近実績	見込み	
山田太郎 鈴木次郎	45 30			200日	250日 250日	

議決権の数の合計	100
農業関係者の議決権の割合	75%

その法人が行う農業に必要な年間総労働日数

500　日

(2)　農業関係者以外の者（(1)以外の者）

氏名又は名称	議決権の数
株式会社 DEF	25

議決権の数の合計	25
農業関係者の議決権の割合	25%

（留意事項）

構成員であることを証する書面として、組合員名簿又は株主名簿の写しを添付してください。

なお、農業法人に対する投資の円滑化に関する特別措置法（平成 14 年法律第 52 号）第５条に規定する承認会社を構成員とする農地所有適格法人である場合には、「その構成員が承認会社であることを証する書面」及び「その構成員の株主名簿の写し」を添付してください。

〈農地法第２条第３項第４号関係〉

3　理事、取締役又は業務を執行する社員全ての農業への従事状況

氏名	住所	役職	農業への年間従事日数		必要は農作業への年間従事日数	
			直近実績	見込み	直近実績	見込み
山田太郎 鈴木次郎	○県○市○町○番 ○県○市○町○番	代表取締役 取締役		250 日 250 日		200 日 60 日

4　重要な使用人の農業への従事状況

氏名	住所	役職	農業への年間従事日数		必要は農作業への年間従事日数	
			直近実績	見込み	直近実績	見込み

(4については、3の理事等のうち、法人の農業に常時従事する者（原則年間150日以上）であって、かつ、必要な農作業に農地法施行規則第8条に規定する日数（原則年間60日）以上従事する者がいない場合にのみ記載してください。)

（記載要領）

1 「農業」には、以下に掲げる「関連事業等」を含む、また、農作業のほか、労務管理や市場開拓等も含みます。

⑴　その法人が行う農業に関連する次に掲げる事業

ア　農畜産物を原料又は材料として使用する製造又は加工

イ　農畜産物の貯蔵、運搬又は販売

ウ　農業生産に必要な資材の製造

エ　農作業の受託

オ　農村滞在型余暇活動に利用される施設の設置及び運営並びに農村滞在型余暇活動を行う者を宿泊させること等農村滞在型余暇活動に必要な役務の提供

⑵　農業と併せ行う林業

⑶　農事組合法人が行う共同利用施設の設置又は農作業の共同化に関する事業

2 「1－1事業の種類」の「生産する農畜産物」欄には、法人の生産する農畜産物のうち、粗収益の50％を超えると認められるものの名称を記載してください。なお、いずれの農畜産物の粗収益も50％を超えない場合には、粗収益の多いものから順に3つの農畜産物の名称を記載してください。

3 「1 － 2 売上高」の「農業」欄には、法人の行う耕作又は養畜の事業及び関連事業等の売上高の合計を記載し、それ以外の事業の売上高については、「左記農業に該当しない事業」欄に記載してください。

「1 年前」から「3 年前」の各欄には、その法人の決算が確定している事業年度の売上高の許可申請前 3 事業年度分をそれぞれ記載し（実績のない場合は空欄）、「申請日の属する年」から「3 年目」の各欄には、権利を取得しようとする農地等を耕作又は養畜の事業に供することとなる日を含む事業年度を初年度とする 3 事業年度分の売上高の見込みをそれぞれ記載してください。

4 「2⑴農業関係者」には、農業法人に対する投資の円滑化に関する特別措置法第 5 条に規定する承認会社が法人の構成員に含まれる場合には、その承認会社の株主の氏名又は名称及び株主ごとの議決権の数を記載してください。

複数の承認会社が構成員となっている法人にあっては、承認会社ごとに区分して株主の状況を記載してください。

5 農地利用集積円滑化団体又は農地中間管理機構を通じて法人に農地等を提供している者が法人の構成員となっている場合、「2⑴農業関係者」の「農地等の提供面積（m^2）」の「面積」欄には、その構成員が農地利用集積円滑化団体又は農地中間管理機構に使用貸借による権利又は賃借権を設定している農地等のうち、当該農地利用集積円滑化団体又は当該農地中間管理機構が当該法人に使用貸借による権利又は賃借権を設定している農地等の面積を記載してください。

③　申請書添付種類に関する法令・規則・通知

申請書への添付書類は、以下規則に定めがあります。必要となる添付書類は、慣例、条例等により地域により異なる場合がありますので、詳しくは、地域の農業委員会へ確認してください。

ちなみに、以下書類の他は、営農計画書、地域営農組合の同意書、水利組合の同意書、農業委員の同意書、土地の公図、所在地図面、法人登記簿、住民票等が必要となるケースがありました。

農地法施行規則第10条第2項（抜粋）

令第1条の規定により申請書を提出する場合には、次に掲げる書類を添付しなければならない。

① 土地の登記事項証明書（全部事項証明書に限る。）
② 権利を取得しようとする者が法人である場合には、その定款又は寄付行為の写し
③ 権利を取得しようとする者が農地所有適格法人である場合には、その組合員名簿又は株主名簿の写し
④ 省略（農業法人に対する投資の円滑化に関する特別措置法に規定する承認会社の場合）
⑤ 省略（令第2条第2項第3号に規定する法人である場合）
⑥ 法第3条第3項の規定の適用を受けて同条第1項の許可を受けようとする者にあっては、同条第3項第1号に規定する条件その他農地又は採草放牧地の適正な利用を確保するための条件が付されている契約書の写し
⑦ 省略（景環法に規定する景環整備機構である場合）
⑧ 国家戦略特別区域法第18条第1項の規定の適用を受けて法第3条第1項の許可を受けようとする者にあっては、同法第18条第1項第1号に規定する契約書の写し
⑨ 省略（前項ただし書の規定により連署しないで申請書を提出する場合）
⑩ その他参考となるべき書類

123ページで前述しましたが、添付書類の「その他参考となるべき書類」については、以下の通知が出ておりますので、再度、確認しておいてください。不必要で過度な書類の添付要求を抑制し、申請者の負担を

軽減する趣旨のものです。

> **平成 21 年 12 月 11 日　21 経営 4608　農地法関係事務処理要領の制定について　第１　１(3)**
>
> 許可申請書に則第 10 条第２項第９号の「その他参考となるべき書類」(営農計画書、損益計算書の写し、総会議事録の写し等）を添付させる場合には、申請負担軽減の観点から、特に次のことに留意する。
>
> ア　許可申請書の記載事項の真実性を裏付けるために必要不可欠なものであるかどうか
>
> イ　申請の却下又は許可若しくは不許可の判断に必要不可欠なものであるかどうか
>
> ウ　既に保有している資料と同種のものでないかどうか

(2)　申請書、添付書類の作成

①　書類の作成

上記の法令規則等の確認や地域の農業委員会へ必要となる書類の確認を行った後、申請書、添付書類の作成に入ります。

(a)　申請書の作成

申請書については、上記様式、記載要領に従い記入してください。内容は、作成した営農計画書に基づいて記入していきます。営農計画書の数字等と相違がないように記入してください。しっかりとした営農計画書ができていれば、記入自体、それほど難しいところはないと思います。

わからないところがある場合は、各農業委員会の窓口で確認しながら進めてください。

(b)　添付書類の作成

添付書類については、地域により求められるものが異なる場合がありますので、基本的には、地域の農業委員会の指示に従ってください。

添付種類に関する農地法施行規則第10条第2項第1号「土地の登記事項証明書」については、その農地を管轄する法務局で取得できます。通常、「土地の登記事項証明書」と共に、「公図」も求められますが、これも法務局で取得します。

同規則第2号「定款又は寄付行為の写し」については、通常、公証人役場での認証後の定款が必要になりますが、認証手続には、手数料や印紙代が必要になりますので、すべての書類が整って、農業委員会等との最終的な確認が取れた後、認証手続を行うのがよいと思います。

同規則第3号「組合員名簿又は株主名簿」、第5号「契約書等」は、農地所有適格法人の構成員要件を満たしていることを証明する書類となります。第1章第2節2(3)「構成員要件」(69ページ）を参照の上、作成してください。書式は特に定まったものはありません。わからない場合は、行政書士等の専門家にご相談ください。

同規則第7号は、改正農地法第3条第3項の適用を受けて許可を申請する場合に必要になるものです。詳しくは、第4節「平成21年改正農地法を活用して農業参入する方法」(206ページ）で解説します。

②　申請書、添付書類の事前確認

作成した申請書について、記載内容や添付書類に不備等ないかどうか、申請する前に、農業委員会等へ確認するのがよいでしょう。ここで問題がなければ、書類を仕上げて申請をします。農業委員会によっては、事前確認はせず、「そのまま申請してください」と言われる場合もありますので、その場合は指示に従い申請します。

前述の営農計画書作成のステップで、十分に地域や関係官公署等との事前協議である程度の合意が取れていれば、ほぼ問題ないはずです。

6 新規法人設立

すべての申請書、添付書類の作成、確認が終了したら、次に法人を設立します。第２節４(5)「定款案の作成」（118ページ）のステップで作成した定款案もここで仕上げます。

法人設立については、農地所有適格法人の各要件に合致するように注意しながら進めます。第１章第２節２「農地所有適格法人の要件」（56ページ）を確認しながら進めてください。

ただ、要件確認については、定款案を作成する際に都道府県農業委員会ネットワーク機構等で確認をしながら進めますので、実際は法人設立手続きの段階において確認した内容に従って手続きを進めるのみとなります。

その他は、農地所有適格法人といえども、基本的には、一般の法人設立手続きと変わるところはありません。

さて、法人の組織形態について「農地所有適格法人の要件」に合致することは当然のことですが、本書のターゲットとする新規農業参入においては、農事組合法人や合資会社、合名会社の形態を選択することは、あまり考えられません（組織形態について、詳しくは第１章第２節２(1)「法人の組織形態要件」（56ページ）を参照ください）。

したがって、本書では、特に選択するケースが多いと思われる株式会社形態をサンプルに解説を進めていきます。また、農地所有適格法人に関係すると思われる個所を中心に解説していきますので、会社設立手続の一般的な事項については省略して記載しております。

(1)　定款の作成

株式会社の定款には、法律上必ず記載しなければならず、記載がないと定款が無効になる「絶対的記載事項」、定款に記載しなければ効力を発生しない「相対的記載事項」、法律上記載するかどうかは任意である「任意的記載事項」があります。もちろん農地所有適格法人においても、同様の扱いとなります。

①　絶対的記載事項

a）目的
b）商号
c）本店の所在地
d）設立に際して出資される財産の価額またはその最低額
e）発起人の氏名または名称
f）発行可能株式総数（設立登記申請時までに定める）

②　相対的記載事項

a）株式譲渡制限等の定め
b）種類株式の発行
c）譲渡制限株式の相続人等に対する売渡請求
d）株券発行
e）株主総会の定足数、決議要件　等

③　任意的記載事項

a）設立時取締役、設立時代表取締役
b）取締役、監査役、執行役の員数
c）事業年度
d）公告方法　等

(2)　農地所有適格法人（株式会社形態）の定款で注意すべき箇所

①　目　　的

目的とは、会社が行う事業目的（内容）のことで、会社はここで定める事業目的の範囲内で権利能力を有するとされ、事業目的に記載のない事業については行えないということになっています。

定款へ記載する目的には、適法性、明確性、営利性、具体性が求められるとされており、記載文言についても、独特の表現を使います。ただし、平成18年に行われた会社法改正により、この目的規定は大幅に緩和され、一般的な表現も使われるようになってきました。

ところで、目的を定款へ記載する方法ですが、自身で文言を考えるのはなかなか難しいものですし、通常は過去に使われた目的が掲載されている目的事例集等を使って、自身の事業に近いものを選んでいくケースが多いと思われます。

そこで、以下に農地所有適格法人において、よく使われる目的事例を例示しておきますので、参考にしてみてください。農地所有適格法人ですから、当然、農業（関連事業含む）事業に関する目的の記載は必要になります。

1）　農産物の生産、加工、販売
2）　農産物の貯蔵および運搬
3）　畜産物の製造、加工、販売
4）　農業生産に係る作業受託
5）　貸農園の運営
6）　農業体験農園の運営
7）　農園休憩宿泊施設の経営
8）　飲食業の経営
9）　前各号に附帯関連する一切の業務
※　9）の項目は、目的の最後に入れておくとよいでしょう。

事業目的について「農業に関係のない事業目的を記載してもよいですか？」というご質問をよくいただきますが、農地所有適格法人といえども、主たる事業が農業（関連事業含む）であることというほかは、農業以外の事業を行うことについての制限は特にありません。

したがって、事業目的記載への規制もなく、将来行う予定の事業でも、農業に関係のない事業でも、記載してよいことになります（ただし、農事組合法人に関しては、農業協同組合法により、農業および農業関連事業以外は行えないとされてますので、これらの事業以外は記載できません)。

法的に記載してもよいということと、許可を得やすい（もしくは得られる）かどうかは、別の事柄であり、例えば、「不動産業」や「産業廃棄物処理業」等を記載した場合、もしかしたら、農地を農業以外の事業に使うのではないかという懸念を抱かせてしまうケースが出てくるかもしれません。その場合、許可が得にくくなったり、より詳細な説明が必要になってくることが想定されます。

② 本店所在地

農地法の許可要件の「全部効率利用要件」（第1章第1節4(1)45ページ参照）との関係で、本店所在地についても、できるだけ、農地に近い場所にあることが望ましいとはいえますが、必ずしも、本店が近くなくてはならないということではありません。

つまり、農地法では「効率的に利用して耕作又は養畜の事業を行う」ことができればよいとされています。また、本要件の判断について「住所地から農地等までの距離で画一的に判断する事は、適当でない」旨の通知（平成12年6月1日　12構改B404農地法処理基準に係る処理基準について第3　3(2)）も出ています。

ただ、上記通知の観点からも、本店ではなくても少なくとも事務所や作業者の拠点となる場所は、事業を効率的に行えるような農地の近傍にあることが求められるでしょう。

③ 発起人の氏名または名称

農地所有適格法人では、農業関係者以外の構成員は保有できる議決権に制限があります（第1章第2節2(3)「構成員要件」(69ページ))。したがって、設立の形態は、株主を広く募集して設立する募集設立の形態を取ることは困難であり、通常は発起設立ということになります。

発起設立では、発起人が設立時の株式を全て引き受けることとされています。したがって、発起人は株主＝構成員となりますので、発起人の氏名、名称を記載する場合も、当然、農地所有適格法人の構成員要件と議決権要件を満たす者を記載しなければなりません。

定款に各発起人が引き受ける株式数を記載する場合には、議決権に関する制限規定についても注意しなければなりません。

④　株式譲渡制限の定め

農地所有適格法人の組織形態要件に、株式会社の場合、公開会社でないものに限るとされてますので、定款にも必ず株式譲渡制限の定めを記載することになります（株式譲渡制限のある会社を非公開会社と呼びます）。

定款には、例えば以下のように記載します。

(a)　取締役会のある会社の場合

> **（株式の譲渡制限）**
> **第○条**　当会社の株式を譲渡により取得するには、取締役会の承認を受けなければならない。

(b)　取締役会のない会社の場合

> **（株式の譲渡制限）**
> **第○条**　当会社の株式を譲渡により取得するには、株主総会の承認を受けなければならない。

⑤　譲渡制限株式の相続人等に対する売渡請求

相続等により株式を取得した者に対する会社への株式の売渡請求を可能とする条項であり、農地所有適格法人においては、構成員が誰であるのかということは、要件充足性および事業遂行においても大変重要なこととなります。したがって、本条項を入れておくのが望ましいでしょう。

定款には、例えば以下のように記載します。

（相続人等に対する株式の売渡請求）

第○条　当会社は、相続その他一般承継人により当会社の株式を取得した者に対し、当該株式を当会社に売り渡すことを請求することができる。

⑥　種類株式の発行、発行可能株式総数

種類株式とは、普通株式とは異なる定めをした株式のことで、会社法では、「剰余金の配当」「株主総会において議決権を行使することができる事項」等、9つの事項について、異なる定めをした株式を発行できるとされています（会社法第108条第1項）。

ところで、農地所有適格法人においては、株主について構成員要件があり、さらに取引関係者等の構成員＝株主については、取得できる議決権に制限があります。

普通株式しか発行できない株式会社の場合、取引関係者等の構成員＝株主が出資額を増やしたいと考えても、通常、4分の1以上は出資額を増やすことはできません。

そこで「議決権を行使することができる事項」について、例えば「議決権のない株式」を発行できるようにする等して、出資を受けやすくする方法も考えられます。この場合、出資をしたい取引関係者等の構成員＝株主は、無議決権株式を取得することによって、出資額を増やすことができます。議決権がない不利益を受ける代わりに配当を有利にしてあげる等の方策が考えられます。

なお、種類株式を発行する場合、合計の発行可能株式総数だけではなく、種類株式ごとの発行可能株式総数も定款に定める必要があります。

定款には、例えば以下のように記載します。

（発行可能種類株式総数および発行する各種類の株式の内容）
第○条　当会社の発行可能種類株式総数は、次のとおりとする。
　①　普通株式　　　○○○株
　②　無議決権株式　○○○株
2 「当会社の発行する各種類の株式の内容については、次のとおりとする。
　無議決権株式の株主は、株主総会において議決権を有しない。

⑦　設立時取締役、代表取締役

定款に設立時取締役や設立時代表取締役を記載する場合には、農地所有適格法人の業務執行役員要件を満たすように選任した取締役、代表取締役を記載します（詳細は、第１章第２節２⑷「役員要件」（72ページ）を参照ください）。

⑧　取締役の員数

定款に取締役の員数を記載する場合には、農地所有適格法人の業務執行役員要件を満たすように選任した取締役を想定し、人数を記載します（詳細は、第１章第２節２⑷「役員要件」（72ページ）を参照ください）。

⑨　事業年度

事業年度については、１年間の農作業体系を考慮し、例えば農閑期に決算期がくるようにする等、設定してください。

以上の注意点を踏まえ作成を進めてください。具体的には、次ページに定款のモデルを掲載しますので参考にしてください。

●定款モデル

株式会社○○定款

令和○年○月○日作成

令和○年○月○日公証人認証

令和○年○月○日会社設立

株式会社○○定款

第1章　総　　則

（商号）

第１条　当会社は、株式会社○○と称する。

（目的）

第２条　当会社は、次の事業を営むことを目的とする。

1. 農産物の生産、加工、販売
2. 農産物の貯蔵および運搬
3. 畜産物の製造、加工、販売
4. 農業生産に係わる作業受託
5. 貸農園の運営
6. 農業体験農園の運営
7. 飲食業の経営
8. 農園休憩宿泊施設の経営
9. 前各号に付帯関連する一切の業務

（本店の所在地）

第３条　当会社は、本店を○○県○○市に置く。

（機関）

第４条　当会社は、株主総会および取締役のほか、次の機関を置く。

1. 取締役会
2. 監査役

（公告方法）

第５条　当会社の公告方法は、官報に掲載する方法により行う。

第２章　株　　式

（発行可能株式総数）

第６条　当会社の発行可能株式総数は、〇〇〇株とする。

（発行可能種類株式総数および発行する各種類の株式の内容）

第７条　当会社の発行可能種類株式総数は、次のとおりとする。

1. 普通株式　　　　　　〇〇〇株
2. 無議決権株式　　　　〇〇〇株

2　当会社の発行する各種類の株式の内容については、次のとおりとする。

無議決権株式の株主は、株主総会において議決権を有しない。

（株券の不発行）

第８条　当会社の株式については、株券を発行しない。

（株式の譲渡制限）

第９条　当会社の株式を譲渡により取得するには、取締役会の承認を受けなければならない。

（相続人等に対する株式の売渡し請求）

第10条　当会社は、相続その他一般承継により当会社の株式を取得した者に対し、当該株式を当会社に売り渡すことを請求することができる。

（株主名簿記載事項の記載等の請求）

第11条　株式取得者が株主名簿記載事項を株主名簿に記載することを請求するには、当会社所定の書式による請求書に、その取得した株式の株主として株主名簿に記載された者またはその相続人その他の一般承継人および株式取得者が署名または記名押印し共同して請求しなければならない。

　ただし、法令に別段の定めがある場合には、株式取得者が単独で請求することができる。

（質権の登録および信託財産の表示）

第12条　当会社の株式につき質権の登録または信託財産の表示を請求するには、当会社所定の書式による請求書に当事者が署名または記名押印し、提出しなければならない。その登録または表示の抹消についても同様とする。

（手数料）

第13条　前２条に定める請求をする場合には、当会社所定の手数料を支払わなければならない。

（基準日）

第14条　当会社は、毎事業年度末日の最終の株主名簿に記載された議決権を有する株主（以下「基準日株主」という。）をもって、その事業年度に関する定時株主総会において権利を行使することができる株主とする。ただし、当該基準日株主の権利を害しない場合には、当会社は、基準日後に、募集株式の発行、吸収合併、株式交換または吸収分割等により株式を取得した者の全部または一部を、当該定時株主総会において権利を行使することができる株主と定めることができる。

2　前項のほか、株主または登録株式質権者として権利を行使することができる者を確定するため必要があるときは、取締役会の決議により、臨時に基準日を定めることができる。ただし、この場合には、その日を2週間前までに公告するものとする。

（株主の住所等の届出等）

第15条　当会社の株主、登録株式質権者またはその法定代理人もしくは代表者は、当会社所定の書式により、その氏名または名称および住所ならびに印鑑を当会社に届け出なければならない。届出事項等に変更を生じた場合も同様とする。

2　当会社に提出する書類には、前項により届け出た印鑑を用いなければならない。

（募集株式の発行）

第16条　募集株式の発行に必要な事項の決定は、会社法第309条第2項に定める株主総会の決議によってする。

2　前項の規定にかかわらず、会社法第309条第2項に定める決議によって、募集株式の数の上限および払込金額の下限を定めて募集事項の決定を取締役会に委任することができる。

3　株主に株式の割当てを受ける権利を与える場合には、募集事項および会社法第202条1項各号に掲げる事項は、取締役会の決議により定める。

4　募集株式の種類が譲渡制限株式である場合に、当該種類の株式に関する募集事項の決定につき、当該種類の株式を引き受ける者の募集について当該種類の株式の種類株主を構成員とする種類株主総会の決議を要しない。

第3章　株主総会

（招集時期、招集権者、招集通知）

第17条　当会社の定時株主総会は、毎事業年度末日の翌日から3か月以内に招集し、臨時株主総会は、必要あるときに随時これを招集する。
2　株主総会は、法令に別段の定めがある場合を除くほか、取締役会の決議により代表取締役社長がこれを招集する。代表取締役社長に事故もしくは支障があるときは、あらかじめ定めた順位により、他の取締役がこれを招集する。
3　株主総会を招集するには、会日より１週間前までに、株主に対して招集通知を発するものとする。

（招集手続の省略）

第18条　株主総会は、その総会において議決権を行使することができる株主全員の同意があるときは、会社法第298条第１項第３号または第４号に掲げる事項を定めた場合を除き、招集手続を経ずに開催することができる。

（議長）

第19条　株主総会の議長は、代表取締役社長がこれにあたる。社長に事故もしくは支障があるときは、あらかじめ取締役会で定めた順序により、他の取締役がこれにあたる。

（決議の方法）

第20条　株主総会の決議は、法令または定款に別段の定めがある場合を除き、議決権を行使することができる株主の議決権の過半数を有する株主が出席し、出席した当該株主の議決権の過半数をもって行う。
2　会社法第309条第２項に定める株主総会の決議は、議決権を行使することができる株主の議決権の過半数を有する株主が出席し、出席した当該株主の議決権の３分の２以上にあたる多数をもって行う。

（株主総会決議の省略）

第21条　株主総会の決議の目的たる事項について、取締役または株主から提案があった場合において、その事項につき議決権を行使することができるすべての株主が、書面によってその提案に同意したときは、その提案を可決する旨の決議があったものとみなす。

（議決権の代理行使）

第22条　株主またはその法定代理人は、当会社の議決権を有する株主または親族を代理人にして、議決権を行使することができる。ただし、この場合には、総会ごとに代理権を証する書面を提出しなければならない。

（株主総会議事録）

第23条　株主総会の議事については、法令で定める事項を記載した議事録を作成し、議長および出席した取締役が署名または記名押印して10年間当会社の本店に備え置くものとする。

第4章　取締役、監査役、代表取締役および取締役会

（取締役および監査役の員数）

第24条　当会社の取締役は3名以上10名以内、監査役は1名以上2名以内とする。

（取締役および監査役の選任の方法）

第25条　当会社の取締役および監査役は、株主総会において選任する。

2　取締役および監査役の選任決議は、議決権を行使することができる株主の議決権の過半数を有する株主が出席し、出席した当該株主の議決権の過半数をもって行う。

3　取締役選任については、累積投票によらない。

4　取締役の解任は、会社法第309条第2項に定める株主総会の決議によって行う。

（取締役および監査役の任期）

第 26 条　取締役の任期は、選任後４年以内に終了する事業年度のうち最終のものに関する定時株主総会の終結の時までとし、監査役の任期は選任後４年以内に終了する事業年度のうち最終のものに関する定時株主総会の終結の時までとする。

2　補欠または増員により選任された取締役の任期は、前任者または他の在任取締役の残存期間と同一とする。

3　補欠として選任された監査役の任期は、退任した監査役の在任期間と同一とする。

（代表取締役および役付取締役）

第 27 条　取締役会は、その決議によって、取締役の中から、代表取締役を選定する。

2　代表取締役を社長とする。

3　取締役会は、その決議によって、取締役の中から社長２名以内を、必要に応じて会長・副社長・専務取締役および常務取締役若干名を選定することができる。

（取締役会の招集通知）

第 28 条　取締役会の招集通知は、各取締役に対し、会日の３日前に発するものとする。ただし、緊急の必要があるときは、この期間を短縮することができる。

（取締役会の決議の省略）

第 29 条　当会社は、取締役が取締役会の決議の目的である事項について提案をした場合において、当該決議事項の議決に加わることができる取締役全員が書面または電磁的記録により同意の意思表示をしたときは、当該決議事項を承認する旨の取締役会の決議があったものとみなす。

（取締役会議事録）

第30条　取締役会の議事については、法令に定める事項を記載した議事録を作成し、出席した取締役がこれに署名または記名押印し、10年間本店に備え置くものとする。

（監査役の監査の範囲）

第31条　当会社の監査役は、会計に関する事項のみについて監査する権限を有し、業務については監査する権限を有しない。

（取締役および監査役の報酬）

第32条　取締役および監査役の報酬、賞与その他の職務執行の対価として当会社から受ける財産上の利益は、株主総会の決議によって定める。

第5章　計　　算

（事業年度）

第33条　当会社の事業年度は、毎○月○日から同年○月○日までの年1期とする。

（剰余金の配当）

第34条　剰余金の配当は、毎年○月○日の最終の株主名簿に記載された株主または、登録株式質権者に対して支払う。

（剰余金の配当の除斥期間）

第35条　剰余金の配当は、その支払い開始の日より満3年を経過しても受領されないときは、当会社はその支払いの義務を免れるものとする。

第６章　附　　則

（設立に際して出資される財産の価額またはその最低額）

第36条　当会社の設立に際して出資される財産の最低額は金○○万円とする。

（最初の事業年度）

第37条　当会社の最初の事業年度は、当会社の成立の日から令和○年○月○日までとする。

（設立時取締役および設立時監査役）

第38条　当会社の設立時取締役および設立時監査役は、次のとおりとする。

住所　○県○市○町○丁目○番○号
設立時取締役　○○○○

住所　○県○市○町○丁目○番○号
設立時取締役　○○○○

住所　○県○市○町○丁目○番○号
設立時取締役　○○○○

住所　○県○市○町○丁目○番○号
設立時取締役　○○○○

住所　○県○市○町○丁目○番○号
設立時監査役　○○○○

（設立時代表取締役）

第39条　当会社の設立時代表取締役は、次のとおりとする。

住所　〇県〇市〇町〇丁目〇番〇号
設立時代表取締役　〇〇〇〇

住所　〇県〇市〇町〇町目〇番〇号
設立時代表取締役　〇〇〇〇

（発起人の氏名または名称および住所等）

第40条　当会社の発起人の氏名または名称および住所、割当てを受ける設立時発行株式の数、および設立時発行株式と引換えに払い込む金銭の額は、次のとおりである。

〇県〇市〇町〇丁目〇番〇号
無議決権株式　〇〇株　〇〇万円　〇〇〇〇

〇県〇市〇町〇丁目〇番〇号
普通株式　〇〇株　〇〇万円　〇〇〇〇

〇県〇市〇町〇丁目〇番〇号
普通株式　〇〇株　〇〇万円　〇〇〇〇

〇県〇市〇町〇丁目〇番〇号
普通株式　〇〇株　〇〇万円　〇〇〇〇

〇県〇市〇町〇丁目〇番〇号
普通株式　〇〇株　〇〇万円　〇〇〇〇

○県○市○町○丁目○番○号
普通株式　○○株　○○万円　○○○○

（定款に定めのない事項）
第41条　この定款に定めのない事項は、すべて会社法その他の法令の定めるところによる。

株式会社○○設立のため、この定款を作成し発起人が次に記名押印をする。

令和○年○月○日

○県○市○町○丁目○番○号
発起人　○○○○　［個人実印］

○県○市○町○丁目○番○号
発起人　○○○○　［個人実印］

○県○市○町○丁目○番○号
発起人　○○○○　［個人実印］

○県○市○町○丁目○番○号
発起人　○○○○　［個人実印］

○県○市○町○丁目○番○号
発起人　株式会社○○
代表取締役　○○○○　［会社代表印］

○県○市○町○丁目○番○号
発起人　株式会社○○
代表取締役　○○○○　［会社代表印］

（注）会社代表印は、発起人となる会社のものを押します。

⑶　定款の認証

①　定款への署名または記名押印、収入印紙の貼付

定款の作成が完了したら、ホッチキス止め等で製本し、これに各発起人が署名または記名押印して、定款を完成させます。部数は通常３部作成します。

３部のうち１部には、表紙の裏面に４万円分の収入印紙を貼付し、発起人の１人が割印します（代理人へ委任する場合は、代理人の割印）。なお、電子定款による電子認証を行う場合は、収入印紙は不要です。

②　定款の認証

次に定款の認証を行います。定款の認証は、会社の本店所在地を管轄する法務局または地方法務局所属の公証人が行います。つまり、会社の本店所在地の都道府県内の公証人役場で認証を受けることになります。

定款の認証は、定款に署名または記名押印した発起人全員が、定款に押印した実印と印鑑証明書を、公証人役場に持参して行ってもかまいませんし、行政書士等の第三者に代理人として委任して行ってもかまいません（代理人による場合、発起人全員の委任状と定款に押印した印鑑の印鑑証明書、および代理人の実印と印鑑証明書が必要です）。

●公証人役場に持参するもの

・定款３通
・定款に押印した印鑑について、市区町村長が発行した発起人全員の印鑑証明書
・認証手数料５万円
・謄本の交付手数料2,000円前後（1枚250円）
・発起人全員の実印（発起人全員で公証人役場へ行く場合）
・発起人全員の委任状（第三者に委任する場合）

なお、定款認証に先立ち、定款記載内容に不備がないか等、事前に認証を受けようとする公証人役場で確認をしておくと、訂正などで定款を修正することなく、定款認証がスムーズにいきます。

(4)　設立時発行株式に関する事項の決定

設立時発行株式に関する事項（発起人が割当てを受ける設立時発行株式の数、設立時発行株式と引換えに払い込む金銭の額、資本金および資本準備金の額に関する事項）について、定款で定めていない場合には、発起人全員の同意を得て定めなければなりません（会社法第32条第1項）。また、本店所在地について、定款に定めていない場合も、同様に発起人全員の同意を得て定めます。

以下は、設立時発行株式の割当数や払込金額について、定款に定めがない場合の発起人全員の同意書のサンプルとなります。

発起人の決定書

令和○年○月○日、発起人全員の同意をもって、下記事項を決定した。

記

1　本店の所在場所

○県○市○町○丁目○番○号

2　発起人が割当てを受ける設立時発行株式の数

○○○株

3　発起人が割当てを受ける設立時発行株式と引換えに払い込む金銭の額

○○○○	無議決権株式	○○株	金○○万円
○○○○	普通株式	○○株	金○○万円
○○○○	普通株式	○○株	金○○万円
○○○○	普通株式	○○株	金○○万円
株式会社○○	普通株式	○○株	金○○万円
株式会社○○	普通株式	○○株	金○○万円

4　成立後の株式会社の資本金および資本準備金の額に関する事項

出資金総額（払込金総額）は、全額資本金とし、資本準備金には組み入れない。

令和○年○月○日

株式会社○○

○県○市○町○丁目○番○号　［個人実印］

発起人　○○○○

○県○市○町○丁目○番○号　［個人実印］

発起人　○○○○

○県○市○町○丁目○番○号 発起人	個人 実印
○県○市○町○丁目○番○号 発起人　○○○○	個人 実印
○県○市○町○丁目○番○号 発起人　株式会社＊＊＊＊＊ 代表取締役　○○○○	会社 代表印
○県○市○町○丁目○番○号 発起人　株式会社＊＊＊＊＊ 代表取締役　○○○○	会社 代表印

(注) 個人の印鑑は、認印でもかまいません。会社代表印は、発起人となる会社のものを押します。

(5) 出資金の払込み

「発起人は、設立時発行株式の引受け後遅滞なく、その引き受けた設立時発行株式につき、その出資に係る金銭の全額を払い込まなければならない」とされてます（会社法第34条第1項)。

つまり、各発起人は、割当てを受ける株式の数、それと引換えに払い込む金銭の額に応じて、出資金の払込みを行います。払込みは、発起人代表者個人の普通預金口座への振込みでもよく、この場合、通帳のコピーを払込証明書として利用します。

なお、割当てを受ける株式の数や払込み金額については、定款に定めるのが一般的ですが、定款に定めなかった場合には、発起人全員の同意により定めなければなりません（発起人同意書等を作成します。本節7(4)「設立時発行株式に関する事項の決定」(179ページ）参照)。

通帳コピーを利用する場合の払込み証明書のサンプルを掲載しておきます。これに通帳のコピーを綴じて証明書とします（発起人氏名が確認できる通帳の表紙と振込記録が確認できるページをコピーします)。

証　明　書

当会社の設立時発行株式については以下のとおり、金額の払込みがあったことを証明します。

設立時発行株式数　○○○株
払込みを受けた金額　金○○万円

令和○年○月○日

○県○市○町○丁目○番○号
株式会社○○
設立時代表取締役　○○○○　会社代表印
設立時代表取締役　○○○○

（注）会社代表印は、新たに設立する会社のものを押します。

(6)　設立登記申請

定款認証、出資金の払込みが完了したら、申請書や添付書類を準備して、本店所在地を管轄する法務局へ設立登記の申請を行います。

①　設立登記申請書の作成

設立登記申請書を作成します。申請書には、会社名、本店住所、代表取締役の氏名、住所を記入し、届出を行う会社代表印を押印します。司法書士等の代理人に依頼する場合には、代理人の氏名、住所を記載し、代理人が押印します。この場合、委任状に会社代表印を押印します。

以下、設立登記申請書のサンプルを掲載します。

株式会社設立登記申請書

1　商　号　　株式会社○○
1　本　店　　○県○市○町○○丁目○番○号
1　登記の事由　令和○年○月○日発起設立の手続終了
1　登記すべき事項　別添 CD-R のとおり
1　課税標準金額　金○○万円
1　登録免許税　　金○○万円
1　添付書類

定款　1通
発起人による設立時取締役および設立時監査役の選任を証する書面　○通
設立時代表取締役の選定を証する書面　○通
設立時取締役の就任を承諾したことを証する書面　○通
設立時代表取締役の就任を承諾したことを証する書面　○通
設立時監査役の就任を承諾したことを証する書　○通
発起人全員の同意を証する書面　○通
払込みがあったことを証する書面　○通
資本金の額が会社法および会社計算規則の規定に従って計上されたことを証する書面　○通
設立時取締役の印鑑証明書　各○通

上記のとおり登記の申請をする。

令和○年○月○日

○県○市○町○丁目○番○号
申請人　株式会社○○
○県○市○町○丁目○番○号
代表取締役　○○○○　［会社代表印］

○○地方法務局○○支局　御中

（注）会社代表印は、新たに設立するものを押します。

② 添付書類の作成

次に、設立登記申請書に添付する添付種類の作成を行います。各々サンプルを掲載しておきますので、参考にしてください。

(a) 設立時取締役等の選任決議書および就任承諾書

発起人は、出資金の払込みが完了したら遅滞なく、設立時取締役および設立時監査を選任しなければならないとされています（会社法第38条第1項、第2項第2号）。なお、定款で設立時取締役および設立時監査役を設定した場合は、出資の履行が完了したときに選任されたものとみなされます（会社法第38条第3項）ので、別に作成する必要はありません。

設立時取締役および設立時監査役の選任決議書

令和○年○月○日株式会社○○の創立事務所において発起人全員が出席し、その全員の一致の決議により次のとおり設立時取締役および設立時監査役を選任した。

記

設立時取締役　○○○○　○○○○　○○○○　○○○○
設立時監査役　○○○○

上記設立時取締役および設立時監査役の選任を証するため、発起人全員が次のとおり記名押印する。

令和○年○月○日

○県○市○町○丁目○番○号
発起人　○○○○　個人実印

○県○市○町○丁目○番○号 発起人　○○○○	個人 実印
○県○市○町○丁目○番○号 発起人　○○○○	個人 実印
○県○市○町○丁目○番○号 発起人　○○○○	個人 実印
○県○市○町○丁目○番○号 発起人　○○○○	個人 実印
○県○市○町○丁目○番○号 発起人　株式会社○○ 代表取締役　○○○○	会社 代表印
○県○市○町○丁目○番○号 発起人　株式会社○○ 代表取締役　○○○○	会社 代表印

（注）会社代表印は、新たに設立する会社のものを押します。

就任承諾書

私は、令和○年○月○日の株式会社○○選任決議において、設立時取締役（設立時監査役）に選任されたので、その就任を承諾します。

令和○年○月○日

（住所）○県○市○町○丁目○番○号
（氏名）○○○○　個人実印

（注）個人の場合、就任承認承諾書に押す印鑑は実印です。

(b) 設立時代表取締役の選定決議書および就任承諾書

設立時取締役を選任したら、次に設立時代表取締役を選定します。設立しようとする会社が取締役会設置会社の場合には、設立時取締役の中から設立時代表取締役を選定しなければなりません（会社法第47条第1項）。

設立時代表取締役選定決議書

令和○年○月○日、設立時取締役全員は、下記の者を設立時代表取締役に選定することを決定する。

記

○県○市○町○丁目○番○号
設立時代表取締役　○○○○

上記の決議を証するため、この決議書を作成し、設立時取締役全員は、次のとおり記名押印する。

令和○年○月○日

株式会社○○

○県○市○町○丁目○番○号
設立時取締役　○○○○　［個人実印］

○県○市○町○丁目○番○号
設立時取締役　○○○○　［個人実印］

○県○市○町○丁目○番○号
設立時取締役　○○○○　［個人実印］

○県○市○町○丁目○番○号
設立時取締役　○○○○　［個人実印］

（注）個人の印鑑は認印でもかまいません。

就任承諾書

私は、令和○年○月○日設立時取締役の全員の一致をもって、株式会社○○の設立時代表取締役に選定されたので、その就任を承諾します。

令和○年○月○日

（住所）　○県○市○町○丁目○番○号

（氏名）　○○○○　個人実印

(c)　発起人全員の同意を証する書面

設立時発行株式に関する事項（発起人が割当てを受ける設立時発行株式の数、設立時発行株式と引換えに払込む金銭の額、資本金および資本準備金の額に関する事項）について、定款で定めていない場合には、発起人全員の同意を得て定めなければなりません（会社法第32条第１項）。また、本店所在地について、定款に定めていない場合も、同様に発起人全員の同意を得て定めます。なお、本書面のサンプル等は、本節６(4)「設立時発行株式に関する事項の決定」（179ページ）を参照してください。

(d)　会社法第34条第１項の規定による払込みがあったことを証する書面

発起人は、設立時発行株式の引き受け後遅滞なく、その引き受けた設立時発行株式につき、その出資に係る金銭の全額を払い込まなければならないとされており（会社法第34条第１項）、この払込みを証明する書面を作成します。

発起設立の場合、銀行の発行する「株式払込金保管場所証明書」までは要求されておらず、設立時代表取締役が作成した証明書で認められます。その場合、作成した証明書に払込みが確認できる通帳のコピーを綴じて一つづりにします。なお、通帳のコピーを活用する場合の書面のサンプル等は、本節６(5)「出資金の払込み」（181ページ）

を参照してください。

(e)　資本金の額が会社法および会社計算規則の規定に従って計上されたことを証する書面

証　明　書

1　払込みを受けた金銭の金額
　　金○○○万円

2　給付を受けた金銭以外の財産の給付があった日におけるその財産の価額（会社計算規則第43条第1項第2号）
　　現物出資財産の給付なし

　　資本金等限度額　[(1 + 2) − 3]　　金○○○万円
　上記のとおり、資本金の額が会社法第445条および会社計算規則第43条の規定に従って計上されたものであることを証明します。

　令和○年○月○日

○県○市○町○丁目○番○号
株式会社○○
設立時代表取締役　○○○○　[会社代表印]

（注）会社代表印は、新たに設立する会社のものを押します。

(f)　印鑑証明書

　取締役会設置会社の場合は、設立時代表取締役の就任承諾書に押印した印鑑についての印鑑証明書を添付します。取締役会非設置会社の場合は、設立時取締役の就任承諾書に押印した印鑑についての印鑑証明書（人数分）を添付します。

③　印鑑届出書の作成

設立登記申請と同時に、代表取締役の印鑑（代表印）の届出を行います。印鑑届出書の用紙は法務局で入手できますので、様式に従い記入、押印します。印鑑届出書には、届出を行う代表印と届出人である代表取締役の実印を押印します。

④　申請用紙の作成

最後に、登記事項として定められている事項を申請用紙に記載します（記載に代えCD-R等に記録して提出する方法をとることも可能です）。

申請用紙に、次ページのように記載（もしくはCD-R等に記録）します。

「商号」株式会社○○
「本店」○県○市○町○丁目○番○号
「公告方法」官報に掲載する方法により行う。
「目的」
1　農産物の生産、加工、販売
2　農産物の貯蔵および運搬
3　畜産物の製造、加工、販売
4　農業生産に係わる作業受託
5　貸農園の運営
6　農業体験農園の運営
7　飲食業の経営
8　農園休憩宿泊施設の経営
9　前各号に付帯関連する一切の業務
「発行可能株式総数」○○○株
「発行可能種類株式の総数」
普通株式○○○株
無議決権株式○○○株
無議決権株式の株主は、株主総会において議決権を有しない。
「発行済株式の総数」○○株
「発行済種類株式の総数」
普通株式○○○株
無議決権株式○○○株
「資本金の額」金○○○万円
「株式の譲渡制限に関する定め」
当会社の株式を譲渡により取得するには、取締役会の承認を受けなければならない。
「役員に関する事項」
「資格」取締役
「氏名」○○○○

「役員に関する事項」
「資格」取締役
「氏名」○○○○
「役員に関する事項」
「資格」取締役
「氏名」○○○○
「役員に関する事項」
「資格」取締役
「氏名」○○○○
「役員に関する事項」
「資格」代表取締役
「住所」○県○市○町○丁目○番○号
「氏名」○○○○
「役員に関する事項」
「資格」代表取締役
「住所」○県○市○町○丁目○番○号
「氏名」○○○○
「役員に関する事項」
「資格」監査役
「氏名」○○○○
「取締役会設置会社に関する事項」
取締役会設置会社
「監査役設置会社に関する事項」
監査役設置会社
「登記記録に関する事項」
設立

⑤　設立登記申請

登記申請書、添付書類、印鑑証明書、申請用紙（もしくはCD-R等に記録）、印鑑届出書等、すべての書類が準備できたら、法務局へ設立登記の申請を行います。申請は、代表取締役が行います（代理人へ委任する場合は委任状が必要）。

法務局へ書類を持参して行ってもよいですし、郵送でも申請可能です。法人設立日は申請書受理日となりますので、郵送の場合は、電話等で確認するのがよいでしょう。申請時に登記完了予定日を教えてもらえますので確認しておきます。

なお、申請時、登録免許税が必要になります。税額は、資本金の額に1,000分の7を乗じた額で、この額が15万円未満の場合は、15万円となります。

例えば、資本金2,000万円の場合は、2,000万×1,000分の7＝14万円で、15万円未満ですので、15万円となります。

税額分の収入印紙を購入し、設立登記申請書に貼付して申請します。印紙への割印は不要です。

以上で、新規法人設立手続は終了です。

7　農地法第3条第1項許可申請

(1)　申請書、添付書類の仕上げ

申請書には、当事者の連署が必要になります。例えば、農地賃借の場合、農地賃貸人（地主さん）と農地賃借人、農地売買の場合、農地売主（地主さん）と農地買主の双方となります（詳しくは、第2節5(1)「農地法第3条第1項の許可申請に関する法令・規則・判例・通知等の確認」135ページ参照）。

当事者の連署は、許可の目途が付いたこの段階で行うのがよいでしょう。

その他、地域により営農組合の同意書、水利組合の同意書、地域担当

の農業委員の同意書等を求められる場合もありますので必要に応じ準備します。

(2)　農地の権利移転に関する契約書の締結

農地の権利移転に関する契約書の締結についても、許可の目途が付いたこの段階で締結するのが望ましいと思われます。

なお、契約書の作成は、賃貸借契約については、農地法上、「書面により契約の内容を明らかにしなければならない」とあり、法定義務化されています。

農地法第 21 条

農地又は採草放牧地の賃貸借契約については、当事者は、書面によりその存続期間、借賃等の額及び支払条件その他その契約並びにこれに付随する契約の内容を明らかにしなければならない。

また、平成 21 年 12 月 11 日　21 経営 4608「農地法関係事務処理要領の制定について」の通知において、契約書の様式例や契約に関する留意点などが示されています。以下に通知を掲載しますので、様式例や留意点などを参考に作成を進めてください。

なお、以下「法第３条第３項の規定の適用を受けて」の部分については、第２章第４節「平成 21 年改正農地法を活用して農業参入する方法」(206 ページ) で解説します。

平成 21 年 12 月 11 日　21 経営 4608　農地法関係事務処理要領の制定について　第 10

1　契約の文書化

(1)　農地等の賃貸借契約については様式例第 10 号の１を参考として契約書を作成する。また、法第３条第３項の規定の適用を受けて同条第１項の許可を受けようとする場合の賃貸借契約又は使用貸借契約については、様式例第 10 号の２を参考として契約書を作成する。

様式例は以下となります。

様式例第10号の1

収入
印紙

農地（採草放牧地）賃貸借契約書

賃貸人及び賃借人は、農地法の趣旨に則り、この契約書に定めるところにより賃貸借契約を締結する。

この契約書は、2通作成して賃貸人及び賃借人がそれぞれ1通を所持し、その写し1通を〇〇農業委員会に提出する。

令和〇年〇月〇日

賃貸人（以下甲という。）住所△**県**△**市**△**町**△**番**

氏名**田中一郎** ㊞

賃借人（以下乙という。）住所〇**県**〇**市**〇**町**〇**番**

氏名**株式会社ABC**

代表取締役　山田太郎 ㊞

1　賃貸借の目的物

甲は、この契約書に定めるところにより、乙に対して、別表1に記載する土地その他の物件を賃貸する。

2　賃貸借の期間

(1)　賃貸借の期間は、令和〇年〇月〇日から令和〇年〇月〇日まで〇〇年間とする。

(2)　甲又は乙が、賃貸借の期間の満了の1年前から6か月前までの間に、相手方に対して更新しない旨の通知をしないときは、賃貸借の期間は、従前の期間と同一の期間で更新する。

3　借賃の額及び支払期日

乙は、別表1に記載された土地その他の物件に対して、同表に記載された金額の借賃を同表に記載された期日までに甲の住所地において支払うものとする。

4　借賃の支払猶予

災害その他やむをえない事由のため、乙が支払期日までに借賃を支払うことができない場合には、甲は相当と認められる期日までその支払を猶予する。

5　転貸又は譲渡

乙は、本人又はその世帯員等が農地法第2条第2項に掲げる事由により借入地を耕作することができない場合に限って、一時転貸することができる。その他の事由により賃借物を転貸し、又は賃借権を譲渡する場合には、甲の承諾を得なければならない。

6　修繕及び改良

(1)　目的物の修繕及び改良が土地改良法に基づいて行なわれる場合には、同法に定めるところによる。

(2)　目的物の修繕は甲が行なう。ただし、緊急を要する場合その他甲において行なうことができない事由があるときは、乙が行なうことができる。

(3)　目的物の改良は乙が行なうことができる。

(4)　修繕費又は改良費の負担又は償還は、別表2に定めたものを除き、民法及び土地改良法に従う。

7　経常費用

(1)　目的物に対する租税は、甲が負担する。

(2)　かんがい排水、土地改良等に必要な経常経費は、原則として乙が負担する。

(3)　農業災害補償法に基づく共済金は、乙が負担する。

(4)　租税以外の公課等で(2)及び(3)以外のものの負担は、別表3に定めるもののほかは、その公課等の支払義務者が負担する。

(5)　その他目的物の通常の維持保存に要する経常費は、借主が負担する。

8　目的物の返還及び立毛補償

(1)　賃貸借契約が終了したときは、乙は、その終了の日から○○日以内に、甲に対して目的物を原状に復して返還する。ただし、天災地変等の不可抗力又は通常の利用により損失が生じた場合及び修繕又は改良により変更された場合は、この限りではない。

(2)　契約終了の際目的物の上に乙が甲の承諾をえて植栽した永年性作物がある場合には、甲は、乙の請求により、これを買い取る。

9　この賃貸借契約に附随する権利又は義務

(中略)

10　契約の変更

契約事項を変更する場合には、その変更事項をこの契約書に明記しなければならない。

11　その他この契約書に定めのない事項については、甲乙が協議して定める。

(記載要領)

1　法人である場合は、住所は主たる事務所の所在地を、氏名は法人の名称及び代表者の氏名をそれぞれ記載してください。

2　契約の目的物は別表1に表示します。この場合において、建物、宅地等が農地等と客観的にみて不可分の状態にあるか、又は別々に契約することが不適当な場合には、これらを含めて記載してください。

土地は一筆ごと、建物その他の物件は一個ごとに所在、地番及び地目又は種類、面積及び数量並びにこれらの借賃の額、支払時期及び支払方法を記載してください。

「面積」欄には、登記簿の地積と実際の面積とが異なる場合は、登記簿の地積のほかに契約上決めた実際の面積を記載し、さらにその土地の畦畔面積又は土地の一部が溝となっているときは、その面積を記載してください。ただし、土地に付随して賃貸している溝があってもその溝が別の地番である場合は、別行に記載してください。

3　賃貸借の期間については、農地法第17条に規定する一時賃貸借である場合には、「1年前から6か月前まで」を「6か月前から1か月前まで」とします。
4　借賃の額は、一筆ごと又は一個ごとに記載してください。借賃の支払の方法が賃貸人の農業協同組合の預金口座への払込みによる場合には、「賃貸人の住所において支払う」を「賃貸人が○○農業協同組合に有する預金口座に払い込む」とします。なお、金銭以外のものを支払う借賃の定めがある場合においては、借賃の支払方法についての特約があるときは、その旨記載してください。
5　賃貸借の目的物の修繕及び改良についての負担区分は当事者間で取り決めた内容を別表2に記載してください。
　修繕改良工事によって生じた施設の所有区分及び補償内容等を定めた場合は別表2の備考欄にこれらの事項を記載してください。
6　経営費用の負担区分については当事者間で取り決めた内容を別表3に記載してください。
7　賃借物の返還については、契約期間満了の日から「何日以内」に返還する旨を記載してください。
8「賃貸借契約に付随する権利又は義務」欄には、この賃貸借契約に附随する権利義務に関する契約がある場合に記載してください。

別表1　土地その他の物件の目録等

土地その他の物件の表示					借賃			備考
(大字)	字	地番	地目(種類)	面積(数量)	単位当たり金額	総額	支払期日	
	△	△	畑	5,000m^2	10,000円	50,000円	毎年12月1日	
	△	△	畑	15,000m^2	10,000円	150,000円	毎年12月1日	
	△	△	畑	5,000m^2	10,000円	50,000円	毎年12月1日	

別表2　修繕費又は改良費の負担に係る特約事項

修繕又は改良の工事名	賃貸人及び賃借人の費用に関する支払区分の内容	賃借人の支払額についての賃貸人の償還すべき額及び方法	備　考

別表3　公課等負担に係る特約事項

公課等の種類	負担区分の内容	備　考

契約書作成の留意点などについては、以下の通知に示されています。

平成21年12月11日　21経営4608　農地法関係事務処理要領の制定について　第10

1　（省略）

2　契約の当事者

契約の当事者が、民法第20条に規定する制限行為能力者である場合には、次の事項につき留意する必要がある。

(1)　未成年者が契約をなす場合は、法定代理人（親権者、指定後見人、選任後見人）の同意又は代理の有無

(2)　成年被後見人が契約をなす場合は、成年後見人の代理の有無

(3)　被保佐人が5年を超える契約をなす場合は、保佐人の同意の有無

(4)　後見人が被後見人に代わってその存続期間が5年を超える契約を締結し又は未成年者がその契約をすることにつき後見人が同意する場合において後見監督人があるときは、後見監督人の同意の有無

(5)　民法第17条第1項の審判を受けた被補助人が5年を超える契約をなす場合は、補助人の同意又は補助人の同意に代わる家庭裁判所の許可の有無

3　契約期間

契約期間については、果樹その他永年作物を栽培しているものは、その果樹の効用年数を考慮して定める必要があるが、少なくとも10年以上とするのが適当であることに留意する必要がある。

4　転貸

農地等につき所有権以外の権原に基づいて耕作又は養畜の事業が行われている土地の転貸は、中間地主の発生等種々の弊害があるので農地法上認められた場合でかつ真にやむをえない場合以外は認めないよう留意する必要がある。もし転貸を認める場合は、様式例第10号の１又は２のとおり制限事項を記載すること。

5　賃貸借の目的物の修繕及び改良

(1)　賃貸借の目的物の修繕及び改良についての費用の分担は、法令に特別の定めのある場合を除いて、修繕費は賃貸人の、改良費は賃借人のそれぞれの負担とするが、賃借物の返還に当たっては民法第608条の賃借人の請求により賃貸人は、賃借人の負担した費用又は有益費を償還する必要がある。

(2)　修繕改良工事により生じた施設がある場合には、その所有権が賃貸人又は賃借人のいずれにあるか、契約終了の際に貸主から一定の補償をする必要があるかどうか等について、明らかにする必要がある。

6　賃貸借の目的物の経営費用

賃貸借の目的物に対する租税及び保険料は、賃貸人の負担とし、農業災害補償法に基づく共済掛金は、賃借人の負担とする。土地改良区の賦課金は、当該組合員の負担であり、原則として耕作者すなわち賃借人の負担となる。

7　賃貸借契約等の終了の際の立毛補償

契約終了の際の立毛補償については、様式例第10号の１又は２のとおり契約書に明らかにしておく必要がある。

8　解除条件

解除条件付契約については、様式例第10号の2のとおり、取得しようとする者がその取得後においてその農地等を適正に利用していない場合に契約を解除する旨の条件を契約書に記載すること。

9　違約金等

解除条件付契約については、法第3条第3項の規定の適用を受けて同条第一項の許可を受けた者が撤退した場合の混乱を防止するため、農地等を明け渡す際の原状回復、原状回復がなされないときの損害賠償及び中途の契約終了時における違約金支払い等について、様式例第10号の2のとおり契約書に明記することが望ましい。

(3)　申請書、添付書類の提出（申請）

これらすべての書類が整ったら、農業委員会事務局へ書類を提出します。農業委員会はおよそ月1回の会合により、申請案件の審査を行いますので、申請締切日、許可日を確認しておきます。

これで、申請手続は終了です。

8　農業委員会会議への出席

申請後、申請内容の説明や意思確認などのため、農業委員会の会議への出席を求められる場合もありますので、その場合、会議へ出席し、説明してください。

9　農地法第3条第1項の許可

農地所有適格法人で新規許可の場合は、およそ申請より2ヵ月で許可が下ります。

●農地法第３条１項許可書サンプル

様式例第１号の２

指令第××××号

令和○○年○月○日

住　所 ○県○市○町○番

氏　名 **株式会社 ABC　代表取締役山田太郎**　殿

農業委員会会長 ○○○○　印

令和○年○月○日付けをもって農地法第３条第１項の規定による許可申請があった農地（採草放牧地）についての○○の○○は下記により許可します。

記

1　当事者の氏名等

譲渡人（設定者）　住　所 △県△市△町△番

氏　名 田中一郎

譲受人（被設定者）　住　所 ○県○市○町○番

氏　名 株式会社 ABC　代表取締役山田太郎

2　許可する土地

所在・地番	地目		面積（m^2）	備考
	登記簿	現況		
△町△番	田	畑	5,000m^2	
△町△番	畑	畑	15,000m^2	
△町△番	田	畑	5,000m^2	

3　条　件

（農地法第３条第３項の規定の適用を受けて同条第１項の許可をする場合は、毎年、その農地（採草放牧地）の利用状況について、農業委員会に報告しなければならない旨記載する。）

なし

（記載要領）

1　様式中不要の文字は抹消し、本文には申請に係る権利の種類及び設定又は移転の別を記載する。

2　法人である場合においては、住所は主たる事務所の所在地を、氏名は法人の名所及び代表者の氏名をそれぞれ記載する。

3　不許可又は却下をする場合においては、様式本文中「下記により許可します」とあるのを「下記理由により許可しません」又は「下記理由により却下します」とし、その理由を記載する。

4　農業委員会が申請を却下し、申請の全部若しくは一部について不許可し、又は条件を付して許可する場合は、指令書の末尾に次のように記載する。

「〔教示〕

1　この処分に不服があるときは、地方自治法（昭和22年法律第67号）第255条の2第1項の規定により、この処分があったことを知った日の翌日から起算して3か月以内に、審査請求書（行政不服審査法（平成26年法律第68号）第19条第2項各号に掲げる事項（審査請求人が、法人その他の社団若しくは財団である場合、総代を互選した場合又は代理人によって審査請求をする場合には、同条第4項に掲げる事項を含みます。）を記載しなければなりません。）正副2通を都道府県知事に提出して審査請求をすることができます。

2　この処分については、上記1の審査請求のほか、この処分があったことを知った日の翌日から起算して6か月以内に、市町村を被告として（訴訟において市町村を代表する者は農業委員会となります。）、処分の取消しの訴えを提起することができます。

　なお、上記1の審査請求をした場合には、処分の取消しの訴えは、その審査請求に対する裁決があったことを知った日の翌日から起算して6か月以内に提起することができます。

3　ただし、上記の期間が経過する前に、この処分（審査請求をした場合には、その審査請求に対する裁決）があった日の翌日から起算して1年を経過した場合は、審査請求をすることや処分の取消しの訴えを提起することができなくなります。

なお、正当な理由があるときは、上記の期間やこの処分（審査請求をした場合には、その審査請求に対する裁決）があった日の翌日から起算して1年を経過した後であっても審査請求をすることや処分の取消しの訴えを提起することが認められる場合があります。」

3 既存の法人を農地所有適格法人化する方法

1 手続き

既存の法人を農地所有適格法人化する方法は、基本的には、第3節で解説しました「新規に法人を設立して農地所有適格法人化する方法」と相違ありません。

異なる点は、159ページ6「新規法人設立」のステップがなくなるか、もしくは組織変更のための手続きになるところです。組織変更に関しては、農地所有適格法人の「組織要件」「構成員要件」「業務執行役員要件」を満たすように、株主や役員などの変更を行います。

その他、「事業要件」を満たすため、「売上の過半が農業もしくは農業関連事業になる」ようにしなければなりませんので、農業以外の既存事業を行っている場合は、事業の見直し等が必要になる場合があります。

農地所有適格法人の各要件について、詳しくは第1章第2節2「農地所有適格法人の要件」(56ページ）を参照ください。

2 手続上の留意点

以上を踏まえ手続きを行いますが、実際は、既存の事業を辞めて農業へ事業転換を行うか、休眠となっている法人を新たに活用するか等の以外は、本節の方法は、農業以外の事業に売上の制約を課すことになりますし、その他農地所有適格法人の要件に従った制約もありますので、活用はなかなか難しいものと思います。

なお、農地所有適格法人の要件該当性に関する判断基準として、以下の通知が出されています。営農計画を提出する際、虚偽の報告はもちろん認められませんし、信頼性のある計画が求められるのは、これまでの解説と同様です。

平成12年6月1日　12構改B404　農地法関係事務に係る処理基準について　第3　4(1)

法第３条第２項第２号に該当するかの判断に当たっては、農地等について同項第１号に掲げる権利を取得しようとする法人が許可の申請の時点に法第２条第３項各号に掲げる農地所有適格法人の要件を満たしていても、農地等の権利の取得後に要件を満たし得ないと認められる場合には、許可をすることができないものとする。

この場合において、例えば、その他事業の種類や規模等からみて、その他事業の売上高見込みが不当に低く評価されていると認められるなど、事業計画が不適切と認められる場合には、その法人に書類の補正等を行わせ、信頼性のある計画に改めさせる等の指導を行うものとする。

平成21年改正農地法を活用して農業参入する方法

1 手続き

すでに、解説してきましたとおり、平成21年12月の農地法改正により、農地所有適格法人以外の法人による農地賃借等が認められるようになりました。

そして、この改正農地法を活用した農地賃借等による農業参入の手続きについても、第2節で解説してきました「新規に法人を設立して農業生産法人化する方法」と、大きく変わるところはありません。

大きく異なるのは、農地所有適格法人の要件の代わりに、農地法第3条第3項各号に掲げる要件を満たすことになるというところになります。農地法第3条第3項各号の要件についての詳細は、第1章第3節2「平成21年改正農地法による農地賃借等の権利を取得するための要件」（76ページ）を参照ください。

2 手続上の留意点

農地所有適格法人以外の法人でも農地賃借が可能と聞くと、一見、手続きが簡易になるように見えますが、農地所有適格法人の要件の代わりに農地法第3条第3号各号に掲げる要件を満たすことが必要になりますし、その他の農地の権利移転に関する農地法第3条第2項各号に掲げる許可要件については、農地所有適格法人の場合と同様になります。

加えて、農業委員会は許可申請があった際には、市町村長に通知し、通知を受けた市町村長は意見を述べることができるような法制度（農地法第3条第4項）や、「農業委員会・都道府県・地方農政局の間で情報が共有されるように配慮すべき」とする通知など、より慎重な手続きが予定されています。

したがって、本農地法改正により、農業参入のための門戸自体は広がったとはいえますが、手続き上は、ほぼ従来と変わりません。むしろ、上記の法制度や通知、「地域において適切な役割分担を担うこと」とする要件等が加わり、より慎重な手続きが求められているともいえます。

3　申請書、添付書類に関する法令規則

これまでの解説の中でも紹介をしてきましたが、以下に農地法第３条第３項の適用を受けて農業参入する場合についての申請書記載事項、添付書類、契約書などについての法令、規則、通知をまとめておきます。

農地法第３条第３項の適用を受けて申請する場合の申請書への記載事項としては、以下の事項が追加となります。第２章第２節5⑴②「申請書記載事項に関する法令・規則・通知」（137ページ）に掲載する様式例に従って記入してください。

農地法施行規則第11条（抜粋）

令第１条の農林水産省令で定める事項は、次に掲げる事項とする。

（中略）

⑫　権利を取得しようとする者が法第３条第３項の規定の適用を受けて同条第１項の許可を受けようとする場合には、次に掲げる事項

イ　地域の農業における他の農業者との役割分担の計画

ロ　その者が法人である場合には、その法人の業務を執行する役員のうち、その法人の行う耕作又は養畜の事業に常時従事する者の役職名及び氏名並びにその法人の行う耕作又は養畜の事業への従事状況及び権利の取得後における従事計画

農地法第３条第３項の適用を受けて申請する場合の申請書添付書類としては、以下のものが追加となります。契約書の様式等については、次の通知を参照ください。

農地法施行規則第10条第２項（抜粋）

令第１条の規定により申請書を提出する場合には、次に掲げる書類を添付しなければならない。

（中略）

⑥　法第３条第３項の規定の適用を受けて同条第１項の許可を受けようとする者にあっては、同条第３項第１号に規定する条件その他農地又は採草放牧地の適正な利用を確保するための条件が付されている契約書の写し

平成21年12月11日　21経営4608　農地法関係事務処理要領の制定について　第10

1　契約の文書化

(1)　農地等の賃貸借契約について様式例第10号の１を参考として契約書を作成する。また、法第３条第３項の規定の適用を受けて同条第１項の許可を受けようとする場合の賃貸借契約又は使用貸借契約については、様式例第10号の２を参考として契約書を作成する。

様式例は以下となります。

様式例第10号の2

収入
印紙

農地（採草放牧地）賃貸借契約書

賃貸人及び賃借人は、農地法の趣旨に則り、この契約書に定めるところにより賃貸借契約を締結する。

この契約書は、2通作成して賃貸人及び賃借人がそれぞれ1通を所持し、その写し1通を○○農業委員会に提出する。

令和○○年○月○日

賃貸人（以下甲という。）住所　△県△市△町△番
氏名　田中一郎　印

賃借人（以下乙という。）住所　○県○市○町○番
氏名　株式会社ABC
代表取締役山田太郎　印

1　賃貸借の目的物

甲は、この契約書に定めるところにより、乙に対して、別表1に記載する土地その他の物件を賃貸する。

2　賃貸借の期間

(1)　賃貸借の期間は、令和○○年○月○日から令和○○年○月○日まで○○年間とする。

(2)　甲又は乙が、賃貸借の期間の満了の1年前から6か月前までの間に、相手方に対して更新しない旨の通知をしないときは、賃貸借の期間は、従前の期間と同一の期間で更新する。

3　契約の解除

甲は、乙が目的物たる農地を適正に利用していないと認められる場合には賃貸借契約を解除するものとする。

4　借賃の額及び支払期日

乙は、別表1に記載された土地その他の物件に対して、同表に記載された金額の借賃を同表に記載された期日までに甲の住所地において支払うものとする。

5　借賃の支払猶予

災害その他やむをえない事由のため、乙が支払期日までに借賃を支払うことができない場合には、甲は相当と認められる期日までその支払を猶予する。

6　転貸又は譲渡

乙は、本人又はその世帯員等が農地法第2条第2項に掲げる事由により借入地を耕作することができない場合に限って、一時転貸することができる。その他の事由により賃借物を転貸し、又は賃借権を譲渡する場合には、甲の承諾を得なければならない。

7　修繕及び改良

(1)　目的物の修繕及び改良が土地改良法に基づいて行なわれる場合には、同法に定めるところによる。

(2)　目的物の修繕は甲が行なう。ただし、緊急を要する場合その他甲において行なうことができない事由があるときは、乙が行なうことができる。

(3)　目的物の改良は乙が行なうことができる。

(4)　修繕費又は改良費の負担又は償還は、別表2に定めたものを除き、民法及び土地改良法に従う。

8　経常費用

(1)　目的物に対する租税は、甲が負担する。

(2)　かんがい排水、土地改良等に必要な経常経費は、原則として乙が負担する。

(3)　農業災害補償法に基づく共済金は、乙が負担する。

(4)　租税以外の公課等で(2)及び(3)以外のものの負担は、別表3に定めるもののほかは、その公課等の支払義務者が負担する。

(5)　その他目的物の通常の維持保存に要する経常費は、借主が負担する。

9　目的物の返還及び立毛補償

⑴　賃貸借契約が終了したときは、乙は、その終了の日から○○日以内に、甲に対して目的物を原状に復して返還する。乙が原状に復することができないときは、乙は甲に対し、甲が原状に復するために要する費用及び甲に与えた損失に相当する金額を支払う。ただし、天災地変等の不可抗力又は通常の利用により損失が生じた場合及び修繕又は改良により変更された場合は、この限りではない。

⑵　契約終了の際目的物の上に乙が甲の承諾をえて植栽した永年性作物がある場合には、甲は、乙の請求により、これを買い取る。

⑶　甲の責めに帰さない事由により賃貸借契約を終了させることとなった場合には、乙は、甲に対し賃借料の○年分に相当する金額を違約金として支払う。

10　この賃貸借契約に附随する権利又は義務

11　契約の変更

契約事項を変更する場合には、その変更事項をこの契約書に明記しなければならない。

12　その他この契約書に定めのない事項については、甲乙が協議して定める。

（記載要領）

1　法人である場合は、住所は主たる事務所の所在地を、氏名は法人の名称及び代表者の氏名をそれぞれ記載してください。

2　契約の目的物は別表1に表示します。この場合において、建物、宅地等が農地等と客観的にみて不可分の状態にあるか、又は別々に契約することが不適当な場合には、これらを含めて記載してください。

土地は一筆ごと、建物その他の物件は一個ごとに所在、地番及び地目又は種類、面積及び数量並びにこれらの借賃の額、支払時期及び支払方法を記載してください。

「面積」欄には、登記簿の地積と実際の面積とが異なる場合は、登記簿の地積のほかに契約上決めた実際の面積を記載し、さらにその土地の畦畔面積又は土地の一部が溝となっているときは、その面積を記載してください。ただし、土地に付随して賃貸している溝があってもその溝が別の地番である場合は、別行に記載してください。

3　賃貸借の期間については、農地法第17条に規定する一時賃貸借である場合には、「1年前から6か月前まで」を「6か月前から1か月前まで」とします。

4「農地を適正に利用していない」とは、農地法第4条及び第5条に違反しているもの、農地法第30条第3項1号に該当する場合等とします。

5　借賃の額は、一筆ごと又は一個ごとに記載してください。借賃の支払の方法が賃貸人の農業協同組合の預金口座への払込みによる場合には、「賃貸人の住所において支払う」を「賃貸人が○○農業協同組合に有する預金口座に払い込む」とします。なお、金銭以外のものを支払う借賃の定めがある場合においては、借賃の支払方法についての特約があるときは、その旨記載してください。

6　賃貸借の目的物の修繕及び改良についての負担区分は当事者間で取り決めた内容を別表2に記載してください。

修繕改良工事によって生じた施設の所有区分及び補償内容等を定めた場合は別表2の備考欄にこれらの事項を記載してください。

7　経営費用の負担区分については当事者間で取り決めた内容を別表3に記載してください。

8　賃借物の返還については、契約期間満了の日から「何日以内」に返還する旨を記載してください。

9「賃貸借契約に付随する権利又は義務」欄には、この賃貸借契約に附随する権利義務に関する契約がある場合に記載してください。

別表1　土地その他の物件の目録等

土地その他の物件の表示					借賃			備考
大字	字	地番	地目(種類)	面積(数量)	単位当たり金額	総額	支払期日	
	△	△	畑	5,000m²	10,000円	50,000円	毎年12月1日	
	△	△	畑	15,000m²	10,000円	150,000円	毎年12月1日	
	△	△	畑	5,000m²	10,000円	50,000円	毎年12月1日	

別表2　修繕費又は改良費の負担に係る特約事項

修繕又は改良の工事名	賃貸人及び賃借人の費用に関する支払区分の内容	賃借人の支払額についての賃貸人の償還すべき額及び方法	備考

別表3　公課等負担に係る特約事項

公課等の種類	負担区分の内容	備考

契約書作成上の留意点等は以下となります。

平成21年12月11日　21経営4608　農地法関係事務処理要領の制定について　第10

8　解除条件

解除条件付契約については、様式例第10号の2のとおり、取得しようとする者がその取得後においてその農地等を適正に利用していない場合に契約を解除する旨の条件を契約書に記載すること。

9　違約金等

解除条件付契約については、法第3条第3項の規定の適用を受けて同条第1項の許可を受けた者が撤退した場合の混乱を防止するため、農地等を明け渡す際の原状回復、原状回復がなされないときの損害賠償及び中途の契約終了時における違約金支払い等について、様式例第10号の2のとおり契約書に明記することが望ましい。

第3章

農業法人の運営

農業参入後の法手続

1 各種の届出

農業参入後の法手続については、他の事業を行う場合と大きく異なるところはなく、税務署への各種届出、都道府県税事務所および市区町村への届出、労働基準監督署への届出、公共職業安定所への届出、社会保険事務所への届出などがあります。

ただし、設立した法人が農事組合法人の場合には、設立後２週間以内に知事または農林水産大臣に対して、農事組合法人設立届出書の提出が必要になります。

農業協同組合法第72条の32第4号

農事組合法人は、成立したときは、成立の日から２週間以内に、登記事項証明書及び定款を添えて、その旨を行政庁に届け出なければならない。

農事組合法人設立届出書

令和○年○月○日

○○県知事○○○○殿

（所在地）○○県○○市○○町大字○○××番地

（名　称）農事組合法人　○○　農場

（代表者の職及び氏名）　代表理事　○○○○

会社
代表印

農事組合法人設立届

令和○年○月○日設立登記が完了したので下記書類を添えて届出いたします。

（添付書類）

1. 登記事項証明書
2. 定款
3. 事業計画書
4. 設立理由書
5. 役員名簿
6. 組合員名簿

2 農地所有適格法人の報告

農地所有適格法人で、農地等を所有したり、賃借などで耕作しているものは、毎年、事業年度終了後3ヵ月以内に、事業の状況等について、農業委員会に報告しなければならないと定められています（農地法第6条、農地法施行規則第58条1項）。

報告書の様式は、各農業委員会で入手できますが、本書にもサンプルを掲示しておきますので、ご参考にしてください。なお、報告書様式については、農林水産省の通知「農地法関係事務処理要領の制定について」第5の1でも示されており、下記の様式はこちらに従ったものです。

様式例第5号の1

農地所有適格法人報告書

令和○年○月○日

○○農業委員会会長　殿

事務所の所在地　○県○市○町○番

名称及び代表者氏名　株式会社 ABC

代表取締役　山田太郎

㊞

下記のとおり農地法第6条第1項の規定に基づき報告します。

記

1　法人の概要

法人の名称及び代表者の氏名	株式会社 ABC　代表取締役　山田太郎	
主たる事務所の所在地	○県○市○町○番	
経営面積（ha）	田	
	畑	2.5
	採草放牧地	
法人形態	株式会社	

2　農地法第2条第3項第1号関係

(1)　事業の種類

農　業		左記農業に該当しない事業の内容
生産する農畜産物	関連事業等の内容	
葉ネギ・キャベツ	加工販売	なし

(2)　売上高

年度	農業	左記農業に該当しない事業
3年（実績）	6,000,000円	なし
2年前（実績）	13,000,000円	なし
1年前（実績）	16,000,000円	なし
申請日の属する年（実績又は見込み）	16,800,000円	なし

3　農地法第2条第3項第2号関係

構成員全ての状況

(1)　農業関係者（権利提供者、常時従事者、農作業委託者、農地中間管理機構、地方公共団体、農業協同組合、投資円滑化法に基づく承認会社等）

氏名又は名称	議決権の数	構成員が個人の場合は以下のいずれかの状況				
		農地等の提供面積（m^3）		農業への年間農業従事日数		農作業委託の内容
		権利の種類	面積	直近実績	見込み	
山田　太郎 鈴木　次郎	45 30			250円 250円	250回 250回	

議決権の数の合計	75
農業関係者の議決権の割合	75%

その法人の行う農業に必要な年間総労働日数：　500日

(2)　農業関係者以外の者（(1)以外の者）

氏名又は名称	議決権の数
株式会社 DEF	25

議決権の数の合計	25
関連事業者の議決権の割合	25%

（留意事項）

構成員であることを証する書面として、組合員名簿又は株主名簿の写しを添付してください。

なお、農業法人に対する投資の円滑化に関する特別措置法（平成14年法律第52号）第5条に規定する承認会社を構成員とする農地所有適格法人である場合には、「その構成員が承認会社であることを証する書面」及び「その構成員の株主名簿の写し」を添付してください。

4　農地法第2条第3項第3号及び4号関係〉

(1)　理事、取締役又は業務を執行する社員全ての農業への従事状況

氏名	住所	役職	農業への年間従事日数			
					必要は農作業への年間従事日数	
			直近実績	見込み	直近実績	見込み
山田太郎 鈴木次郎	○県○市○町○番 ○県○市○町○番	代表取締役 取締役	250日 250日	250日 250日	250日 250日	250日 250日

⑵　重要な使用人の農業への従事状況

氏名	住所	役職	農業への年間従事日数		必要は農作業への年間従事日数	
			直近実績	見込み	直近実績	見込み

(⑵については、⑴の理事等のうち、法人の農業に常時従事する者（原則年間150日以上）であって、かつ、必要な農作業に農地法施行規則第８条に規定する日数（原則年間60日）以上従事する者がいない場合にのみ記載してください。)

(記載要領)

1 「農業」には、以下に掲げる「関連事業等」を含み、また、農作業のほか、労務管理や市場開拓等も含みます。

⑴　その法人が行う農業に関連する次に掲げる事業

ア　農畜産物を原料又は材料として使用する製造又は加工

イ　農畜産物の貯蔵、運搬又は販売

ウ　農業生産に必要な資材の製造

エ　農作業の受託

オ　農村滞在型余暇活動に利用される施設の設置及び運営並びに農村滞在型余暇活動を行う者を宿泊させること等農村滞在型余暇活動に必要な役務の提供

⑵　農業と併せ行う林業

⑶　農事組合法人が行う共同利用施設の設置又は農作業の共同化に関する事業

2 「2⑴事業の種類」の「生産する農畜産物」欄には、法人の生産する農畜産物のうち、粗収益の50％を超えると認められるものの名称を記載してください。なお、いずれの農畜産物の粗収益も50％を超えない場合には、粗収益の多いものから順に３つの農畜産物の名称を記載してください。

3 「2⑵売上高」の「農業」欄には、法人の行う耕作又は養畜の事業及び関連事業等の売上高の合計を記載し、それ以外の事業の売上高については、「左記農業に該当しないの事業」欄に記載してください。

4 「3(1)農業関係者」には、農業法人に対する投資の円滑化に関する特別措置法第5条に規定する承認会社が法人の構成員に含まれる場合には、その承認会社の株主の氏名又は名称及び株主ごとの議決権の数を記載してください。

ここで、複数の承認会社が構成員となっている法人にあっては、承認会社ごとに区分して株主の状況を記載してください。

5 農地利用集積円滑化団体又は農地中間管理機構を通じて法人に農地等を提供している者が法人の構成員となっている場合、「3(1)農業関係者」の「農地等の提供面積（m^2）」の「面積」欄には、その構成員が農地利用集積円滑化団体又は農地中間管理機構に使用貸借による権利又は賃借権を設定している農地等のうち、当該農地利用集積円滑化団体又は当該農地中間管理機構が当該法人に使用貸借による権利又は賃借権を設定している農地等の面積を記載してください。

6 法人の代表者の氏名の記載を自署する場合においては、押印を省略することができます。

農地所有適格法人の報告書への記載事項については、農地法施行規則第59条第1項各号に次のとおり定められています。

農地法施行規則第59条第1項

① 農地所有適格法人の名称及び主たる事務所の所在地並びに代表者の氏名
② 農地所有適格法人が現に所有し、又は所有権以外の使用及び収益を目的とする権利を有している農地又は採草放牧地の面積
③ 農地所有適格法人が当該事業年度に行った事業の種類及び売上高
④ 農地所有適格法人の構成員の氏名又は名称及びその有する議決権
⑤ 農地所有適格法人の構成員からその農地所有適格法人に対して権利を設定又は移転した農地又は採草放牧地の面積
⑥ 省略
⑦ 農地所有適格法人の構成員のその農地所有適格法人の行う農業への従事状況
⑧ 法第2条第3項第2号へに掲げる者が農地所有適格法人の構成員となっている場合には、その構成員がその農地所有適格法人に委託している農作業の内容
⑨ 省略
⑩ 農地所有適格法人の理事等の氏名及び住所並びにその農地所有適格法人の行う農業への従事状況
⑪ 農地所有適格法人の理事等又は使用人のうち、その農地所有適格法人の行う農業に必要な農作業に従事する者の役職名及び氏名並びにその農地所有適格法人の行う農業に必要な農作業（その者が使用人である場合には、その農地所有適格法人の行う農業及び農作業）への従事状況
⑫ その他参考となるべき事項

農地所有適格法人の報告書への添付書類については農地法施行規則第58条第2項各号に次ページのとおり定められています。

農地法施行規則第 58 条第 2 項

① 定款の写し

② 農事組合法人又は株式会社にあってはその組合員名簿又は株主名簿の写し

③ 承認会社であって投資円滑化法第 10 条の規定の適用を受けるものが構成員となっている場合には、その構成員が承認会社であることを証する書面及びその構成員の株主名簿の写し

④ その他参考となるべき書類

3 農地所有適格法人以外の法人の場合の報告（農地法第 3 条第 3 項）

農地賃借等について、農地法第３条第３項の規定の適用を受けて同法第１項の許可を得た農地所有適格法人以外の法人等は、毎事業年度の終了後３ヵ月以内に、許可を受けた農業委員会に対し、その農地等の利用状況について報告をしなければならないとされています（農地法第３条第６項）。

報告書の様式は、各農業委員会で入手できますが、次ページにサンプルを掲示しますので、ご参考にしてください。なお、報告書様式については、農林水産省の通知「農地法関係事務処理要領の制定について第１の６」にも示されており、以下はこれに従ったものです。

様式第１号の７

農地等の利用状況報告書

令和○年○月○日

○○農業委員会　会長　殿

住所　**○市○町○番**

氏名　**株式会社 ABC**

代表取締役　**山田太郎**　㊞

令和○年○月○日付け○指令○農委第○○○号で農地法第３条第１項の許可を受けた農地（採草放牧地）について、下記のとおり報告します。

記

1　農地法第３条第３項の規定の適用を受けて同条第１項の許可を受けた者の氏名等

氏　名	住　所
株式会社 ABC **代表取締役　山田太郎**	**○市○町○番**

2　報告に係る土地の所在等

所在・地番	地目		面積（m^2）	作物の種類別作付面積（又は栽培面積）	生産数量	反収	備考
	登記簿	現況					
○○	**畑**	**畑**	**5000**	**ねぎ　3000m^2** **きゃべつ　2000m^2**	**○ t** **○ t**	**○ kg** **○ kg**	

3　農地法第３条第３項の規定の適用を受けて同条第１項の許可を受けた農地又は採草放牧地の周辺の農地又は採草放牧地の農業上の利用に及ぼしている影響

草刈りを定期的に実施しており、周辺の農地の利用に、著しい被害や影響は与えていない。

4　地域の農業における他の農業者との役割分担の状況

農業の維持発展に関する話し合い活動へ参加し、ため池利用の取り決めを遵守している。

○月以降、○○地域営農組合と協力して、イノシシ被害対策活動へ参加する。

5　業務執行役員又は重要な使用人の状況

氏　名	常時従事者の役職名	耕作又は養畜の事業の年間従事日数
山田太郎	**代表取締役**	**150 日**

6　その他参考となるべき事項

農地所有適格法人以外の法人の利用状況の報告については、農地法施行規則第 60 条の 2 第 1 項各号に記載すべき事項が定められています。

農地法施行規則第 60 条の 2 第 1 項

①　法第 3 条第 3 項の規定の適用を受けて同条第 1 項の許可を受けた者の氏名及び住所（法人にあっては、その名称及び主たる事務所の所在地並びに代表者の氏名）

②　前号の者が使用貸借による権利又は賃借権の設定を受けた農地又は採草放牧地の面積

③　前号の農地又は採草放牧地における作物の種類別作付面積又は栽培面積、生産数量及び反収

④　第 1 号の者が行う耕作又は養畜の事業がその農地又は採草放牧地の周辺の農地又は採草放牧地の農業上の利用に及ぼしている影響

⑤　地域の農業における他の農業者との役割分担の状況

⑥　第 1 号の者が法人である場合には、その法人の業務執行役員等のうち、その法人の行う耕作又は養畜の事業に常時従事する者の役職者名及び氏名並びにその法人の行う耕作又は養畜の事業への従事状況

⑦　その他参考となるべき事項

農地所有適格法人以外の法人の利用状況の報告書への添付書類については、農地法施行規則第60条の2第2項第1号および第2号に、以下のとおり定められています

> **農地法施行規則第60条の2第2項**
>
> ①　前項第1号の者が法人である場合には、定款又は寄附行為の写し
>
> ②　その他参考となるべき書類

「その他参考となるべき書類」（農作業従事者の確保が把握できる資料、農地等の利用状況が把握できる現況写真等）を添付させる場合には、負担軽減の観点から、真実性を裏付けるために必要不可欠なものであるかどうか、すでに保有している資料と同種のものでないか等に留意する（平成21年12月11日　21経営4608　農地法関係事務処理要領の制定について第1の6）とされています。

認定農業者

1 認定農業者制度

「認定農業者制度は、農業者が農業経営基盤強化促進基本構想に示された農業経営の目標に向けて、自らの創意工夫に基づき経営の改善を進めようとする計画を市町村が認定し、これら認定を受けた農業者に対し得て重点的に支援措置を講じようとするもの」です（農林水産省ホームページより）。

本制度は、農業の担い手となる意欲ある農業経営者を育成するため、平成５年に農業経営基盤強化促進法により創設されました。各市町村は地域の実情などに即して農業経営の指標となる目標所得等（他産業の労働時間、所得等も勘案し策定されます）の基本構想を定め、これに対し意欲ある地域の農業経営者が基本構想に従い５ヵ年の「農業経営改善計画」を作成して各市町村に申請し認定を受けます。

認定農業者に対する具体的な支援措置としては、スーパーL資金などの低利な融資制度、農業機械や施設導入のための各種補助金制度、農業の雇用事業等の研修費助成制度等があります。

2 農業経営改善計画の作成

前述のとおり認定農業者になるためには、目標達成に向けた5ヵ年の「農業経営改善計画」の作成が必要になります。そこで、まずは本計画の記載事項に関する法令規則を確認します。

(1) 法令規則等の確認

●記載事項に関する法令

農業経営基盤強化促進法第12条第1・2項

同意市町村の区域内において農業経営を営み、又は営もうとする者は、農林水産省令で定めるところにより、農業経営改善計画を作成し、これを同意市町村に提出して、当該農業経営改善計画が適当である旨の認定を受けることができる。

2　前項の農業経営改善計画には、次に掲げる事項を記載しなければならない。

①　農業経営の現状

②　農業経営の規模の拡大、生産方式の合理化、経営管理の合理化、農業従事の態様の改善等の農業経営の改善に関する目標

③　前号の目標を達成するためとるべき措置

④　その他農林水産省令で定める事項

●農地所有適格法人構成員の取引関係者等の出資計画等に関する法令

農業経営基盤強化促進法第12条第3項

第1項の農業経営改善計画には、当該農業経営を営み、若しくは営もうとする者から当該農業経営に係る物資の供給若しくは役務の提供を受ける者又は当該農業経営の円滑化に寄与する者が当該農業経営の改善のために行う措置に関する計画を含めることができる。

(2) 基本構想の確認

次に、営農を開始しようとする農地を管轄する各市町村へ認定農業者となるための基本構想、様式などを確認します。例えば、基本構想には、

認定農業者になるための経営指標として「5年後の目標所得が概ね450万円以上、年間労働時間2,000時間以内」等と定められています。様式も各市町村により若干の違う場合がありますので、必ず確認の上作成してください。

(3) 農業経営改善計画の作成

法令規則の確認、各市町村の基本構想等の確認を行ったら、様式に従い「農業経営改善計画」の作成に入ります。5年後の目標所得、労働時間などを決め、これに向けた取組み方法などを記載していきます。これらを記載の際に基本となるは、第2章第2節5「詳細計画の作成」(109ページ以降)で作成した「営農計画書」になります。

したがって、しっかりとした「営農計画書」ができていれば、特に問題はありません。ご参考までに前掲の「株式会社ABC営農計画書」を基本に作成した「農業経営改善計画」の様式例を掲載します。

※農業経営を営む区域が、複数市町村にまたがる場合、

・単一都道府県内に存する場合は都道府県知事

・複数都道府県にまたがる場合は国（地方農政局長または農林水産大臣）

に認定を申請することになります。

（農業経営を営む区域が単一市町村の範囲内の場合は、従来どおり市町村に認定を申請します。）

農業経営改善計画認定申請書

令和○年○月○日

○市長　○○○○　様

申請者　住所　○県○市○町○番

名称　**株式会社ABC**　代表取締役　**山田太郎**　㊞

〈法人設立年月日　　○年○月○日設立〉

農業経営基盤強化促進法（昭和55年法律第65号）第12条第1項の規定に基づき、次の農業経営改善計画の認定を申請します。

農業経営改善計画	
①目標とする営農類型	**キャベツ・ネギの露地栽培**
②経営改善の方向の概要	**当社は令和○年○月、新規に農地所有適格法人を設立。キャベツ・ネギの露地栽培を開始。主に㈱DEFとの契約栽培で㈱DEFの店舗××で販売される。地域におけるパート従業員の雇用をすすめ生産規模と生産量の拡大を図り、さらに栽培技術の熟練による品質や販売単価の向上、流通効率化による出荷経費の削減等により5年後の目標達成を目指す。5年後、総作付面積5haキャベツ出荷量42,000kg、ネギ出荷量42,000kgを目指す。** （新たに農業を開始する予定年月日：令和○年○月○日）

主たる従事者1人当たりの年間農業所得及び年間労働時間の現状及び目標			
	就農予定時	就農3年後	目標（令和6年）
年間農業所得	0	100万円	450万円
年間労働時間	0	2000h	2000h

③農業経営の規模の拡大に関する目標

作目・部門別	就農予定時		就農後3年		目標（令和6年）	
	作付面積	生産量	作付面積	生産量	作付0面積	生産量
キャベツ			2ha	42,000kg	2ha	42,000kg
ネギ			1.8ha	25,200kg	3ha	42,000kg
合計			3.8ha		5ha	

区分	地目	所有地（市町村名）	就農予定時	就農後3年	目標（令和6年）
所在地					
借入地	畑	△市△町△番		50a	50a
		△市△町△番		150a	150a
	田	△市△町△番		50a	50a
				合計250a	合計250a

特定作業受託	作目	作業	就農予定時		就農後3年		目標（令和6年）	
			作業受託面積	生産量	作業受託面積	生産量	作業受託面積	生産量
	なし	なし	なし	なし	なし	なし	なし	なし

作業受託	作目	作業	就農予定時	就農後3年	目標（令和6年）
	なし	なし	なし	なし	なし
	単純計				
	換算後				

農畜産物の加工・販売その他の関連・附帯事業	事業名	内容	就農予定時	就農後3年	目標（令和6年）
	なし	なし	なし	なし	なし

④生産方式の合理化に関する目標		機械・施設名	型式、性能、規模、台数及び利用形態		
			就農予定時	就農後3年	目標（令和6年）
	機械・施設	トラクター		(27PS) 1台	同左
		ロータリー		(大型) 1台	
		アタッチメント		(粗耕起) 1台	
		平高成形機		1台	
		乗用管理機		1台	
		移植機（ねぎ用）		1台	
		移植機（キャベツ用）		1台	
		肥料散布機A		1台	
		肥料散布機B		1台	
		高床作業機		1台	
		刈払機		2台	
		チェーンソー		2台	
		低温貯蔵庫		(1坪) 2台	
		皮むき洗浄機（ねぎ用）		1台	
		軽トラック		1台	
		育苗ハウス		(6×50m)1棟	

		就農予定時	就農後3年	目標（令和6年）
④生産方式の合理化に関する目標	農用地の利用条件		法人拠点事務所より徒歩数分の△町にある25a区画の農地を計10区画、250a賃借する予定	同左

		作目・部門別	就農予定時	就農後3年	目標（令和6年）
④生産方式の合理化に関する目標	作目・部門別合理化の方向	キャベツ		作付計画に従い積雪時期を除く通年栽培を行い延べ2ha作付する。従業員の定着等、栽培技術、機械技術の熟練による生産量の向上を目指す。	作付計画に従い積雪時期を除く通年栽培を行い延べ2ha作付する。従業員の定着等による栽培技術、機械技術の熟練による品質向上、最適な出荷梱包形態の確立による出荷経費削減を目指す。
		ネギ		作付計画に従い積雪時期を除く通年栽培を行い延べ1.8ha作付する。従業員の定着等、栽培技術、機械技術の熟練による生産量の向上を目指す。	作付計画に従い積雪時期を除く通年栽培を行い延べ3ha作付する。従業員の定着等による栽培技術、機械技術の熟練による品質向上、最適な出荷梱包形態の確立による出荷経費削減を目指す。

	就農予定時	就農後3年	目標（令和6年）
⑤経営管理の合理化に関する目標		簿記記帳や経営分析を行い、経営改善に活用する。	品目別に工数、経費、売上の管理を徹底する。
⑥農業従事の態様等の改善に関する目標		雇用による労務負担の分散、軽減を行う。	主たる従事者の年収確保と福利厚生の充実を目指す。また、法令に従い従業員の社会保険、労災・雇用保険加入を実施する。

	経営改善の目標	措置
⑦目標を達成するために取るべき措置	経営規模の拡大	地元○○農協を通じ、地元でのパート従業員の採用を行う。また、農の雇用事業等を活用し、新規就農希望者の研修受入れも行う。
	生産方式の合理化	機械設備の導入に際しては、制度資金を活用する。 農業普及指導センター等の指導を受け栽培技術の向上に努める。
	経営管理の合理化	作業日報の作成管理、WEB出荷管理システムの導入等により、工数、経費、売上げの管理を徹底する。
	農業従事態様の改善	休日制の導入、雇用による労働力の確保、社内役割分担の実施。

	氏　名（法人経営にあっては役員の氏名）	年齢	代表者との続柄（法人経営にあっては役職）	就農予定時		就農３年後		目標（令和６年）	
				担当業務	年間農業従事日数（日）	担当業務	年間農業従事日数（日）	担当業務	年間農業従事日数（日）
（参考）経営の構成	山田太郎	50	代表取締役			機械作業 管理作業 経営全般	250	機械作業 管理作業 経営全般	250
	鈴木次郎	40	社員			管理作業 営業経理 経営全般	250	管理作業 営業経理 経営全般	250
雇用者	臨時雇（年　間）		実人数	就農時	人	３年後	1人	目標年	1250人
	常時雇（年　間）		実人数	就農時	人	３年後	6人	見通し	10人
			実人数	就農時	人	３年後	750人	見通し	1250人

（参考）他市町村の認定状況	認定市町村名	認定年月日	備　考

3 認定の基準

認定の基準については以下の法令に定めがあります。法令によれば、各市町村の基本構想に定める目標所得等の基準に照らし、達成の見込みが確実であると認められる場合、認定するとされています。また、具体的には「農業経営基盤強化促進法の基本要綱」（平24・5・31 24経営564通知第5-4(1)）および別紙図第１に認定要件が示されています。

農業経営基盤強化促進法第12条第４項

同意市町村は、第１項の認定の申請があった場合において、その農業経営改善計画が次に掲げる要件に該当するものであると認めるときは、その認定をするものとする。

① 基本構想に照らし適切なものであること。

② 農用地の効率的かつ総合的な利用を図るために適切なものであること。

③ その他農林水産省令で定める基準に適合するものであること。

農業経営基盤強化促進法施行規則第14条（抜粋）

法第12条第4項第3号の農林水産省令で定める基準は、次のとおりとする。

① その農業経営改善計画の達成される見込みが確実であること。

② その農業経営改善計画に法第13条第2項に規定する関連事業者等（中略）が法第12条第3項に規定する措置として当該農業経営改善計画を作成した者（農地所有適格法人であるものに限る。）に出資をする計画が含まれる場合にあっては、当該出資が次に掲げる要件に該当するものであること。

イ 当該農業経営改善計画を作成した者の農業経営の安定性の確保に支障を生じるおそれがないこと。

ロ 当該農業経営改善計画を作成した者が株式会社である場合にあっては、農地法第2条第3項第2号チに掲げる者（当該関連事業者等を含む。ハにおいて同じ。）の有する議決権の合計が総株主の議決権の2分の1以上となるものでないこと。

ハ 当該農業経営改善計画を作成した者が持分会社（中略）である場合にあっては、農地法第2条第3項チに掲げる者の数が社員の総数の2分の1以上となるものでないこと。

4 認定農業者になろう

これまでも解説してきたように、認定農業者には低利な融資制度をはじめとする各種支援策が用意されています。また、個人でも法人でも新規農業参入者でも認定農業者になることが可能です。

農業経営改善計画の作成をはじめとする認定の申請手続についても、新規農業参入の手続きの中で作成してきた営農計画書の内容が基本となっており、しっかりとした営農計画書ができていれば、それほど、難しいものではありません。したがって、これから農業事業を行おうとする意欲ある新規農業参入者の皆さまは、是非農業参入と併せて認定農業者を目指してください。

3 農業の６次産業化

1 農業の６次産業化

(1)「農業の６次産業化」とは

農業界以外からの新規参入の場合、当初の農業生産技術は低く、しかも、生産に適していない農地しか確保できないケースも多く見受けられます。しかし、このような状況においても、自社で農業生産を行い、先祖代々優良な農地や施設で農業を行ってきたベテラン生産者と競争していかなければなりません。当初、相当のハンディキャップがあることは、覚悟が必要になるでしょう。

ただし、視点を変えると、これは「農業生産（第１次産業部分）」に限ったことであり、特に農外からの新規参入の場合には、他の業界で培ったさまざまな技術やネットワークを保有していることと思われます。特に、農外からの新規参入においては、これら技術やネットワークを生かす取組みがとても大切です。

そして、一企業経営として、これからの農業経営を考えた場合、農業生産（第１次産業部分）だけではなく、第２次、第３次へと、複合的に広がりを持たせる経営も必要になるのではないでしょうか。

さて、これら第１次から第２次、第３次へと複合的に取り組むことを「農業の６次産業化」といい、最近、国や自治体も、これらの取組みに対して支援を行うようになってきています。ここで、あらためて「農業の６次産業化・地産地消」についてご紹介します。皆さま方におかれましても、是非積極的に取り組んでみてください。

⑵　６次産業化・地産地消法

平成22年12月3日「地域資源を活用した農林漁業者等による新事業の創出等及び地域の農林水産物の利用促進に関する法律」(6次産業化・地産地消法）が公布されました。

この法律は、農林漁業者による加工・販売への進出等に関する施策（6次産業化）や地域の農林水産物の利用を促進する施策（地産地消）を推進することで、農林漁業の振興を図ることを目的としています。

具体的な施策としては、農林漁業者等は策定した総合化事業計画を農林水産大臣が認定し、計画認定者に対し各種の支援を行うなどの措置が行われています。

●６次産業化・地産地消法の概要

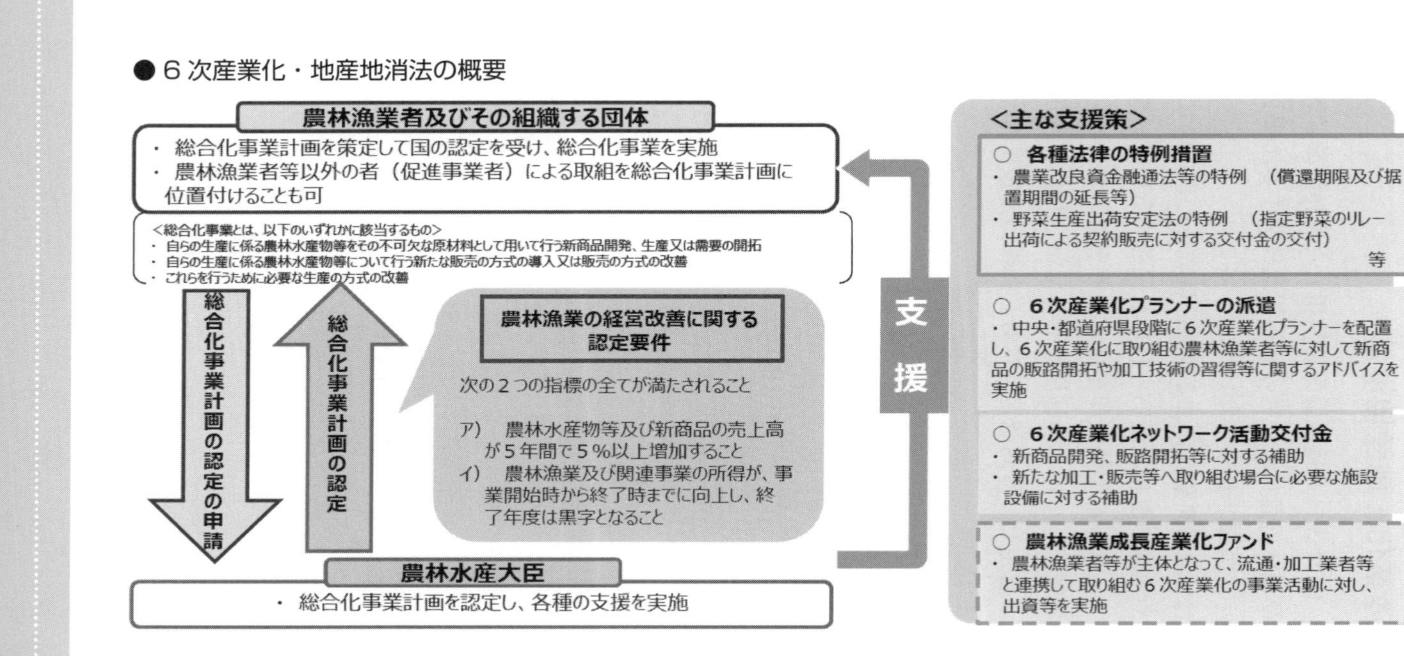

●総合化事業計画認定申請書記載例（農林水産省ホームページより一部加工）

別記様式第１号（第３条関係）

総合化事業計画に係る認定申請書

令和２年４月１日

○○農政局長　殿

申請者　（代表者）
住　　所　〒○-○沖縄県沖縄市○-○-○
氏　　名　農地所有適格法人　株式会社○○印
代表　○○　○○
申請者　（共同申請者）
住　　所　〒○-○沖縄県沖縄市○-○-△
氏　　名　○田　○雄　印

地域資源を活用した農林漁業者等による新事業の創出等及び地域の農林水産物の利用促進に関する法律第５条第１項の規定に基づき、別紙の計画について認定を受けたいので、申請します。

（備考）
1　「申請者」には、総合化事業を行う全ての農林漁業者等（認定を受けようとする農林漁業者等の構成員等及び促進事業者を除く。）を記載すること。
2　申請者が法人その他の団体の場合には、「住所」には「主たる事務所の所在地」を、「氏名」には「名称及び代表者の氏名」を記載すること。
3　用紙の大きさは、日本工業規格Ａ４とすること。
4　氏名を自署する場合には、押印を省略することができる。

（別紙）

総合化事業計画

1　事業名

（記入する事業名の例）

地域の特産品であるシークヮーサーとタンカンを利用した商品の加工・販売事業

2　申請者等の概要

申請者（代表者）	
①氏名又は名称、②住所又は主たる事務所の所在地、 ③団体の場合はその代表者の氏名、④連絡先（電話番号、ＦＡＸ番号、担当者名）、 ⑤資本金の額又は出資の総額、⑥従業員数、⑦業種、⑧決算月	
①：農地所有適格法人　株式会社○○ ②：〒○-○沖縄県沖縄市○-○-○ ③：代表　○○　○○ ④：電 話 番 号：0＊＊-＊＊-＊＊＊1 　ＦＡＸ番号：0＊＊-＊＊-＊＊＊1 　担 当 者 名：○野　○子　（*******@**. **）	⑤：1,000万円 ⑥：従業員数　11名 ⑦：果樹作農業（0114） ⑧：3月
共同申請者（共同して申請する者がいる場合に記載）	
①氏名又は名称、②住所又は主たる事務所の所在地、 ③団体の場合はその代表者の氏名、④連絡先（電話番号、ＦＡＸ番号、担当者名）、 ⑤資本金の額又は出資の総額、⑥従業員数、⑦業種、⑧決算月	
①：○田　○雄 ②：〒○-○沖縄県沖縄市○-○-△ ③：- ④：電 話 番 号：0＊＊-＊＊-＊＊＊2 　ＦＡＸ番号：0＊＊-＊＊-＊＊＊2 　担 当 者 名：○田　○雄　（*******@**. **）	⑤：- ⑥：従業員数　2名 ⑦：果樹作農業（0114） ⑧：12月
促進事業者（促進事業者がいる場合に記載）	
①氏名又は名称、②住所又は主たる事務所の所在地、 ③法人の場合はその代表者の氏名、④連絡先（電話番号、ＦＡＸ番号、担当者名）、 ⑤資本金の額又は出資の総額、⑥従業員数、⑦業種、⑧決算月	
①：特になし ②： ③： ④：電 話 番 号： 　ＦＡＸ番号： 　担 当 者 名：	⑤： ⑥： ⑦： ⑧：

（備考）

1　共同申請者又は促進事業者が２者以上存在する場合には、各々の欄を繰り返し設けて記載すること。

2　個人の場合であって、「住所」が「主たる事務所の所在地」と異なるときには、「住所」及び「主たる事務所の所在地」を併記すること。

3　農林漁業経営の現状

農地所有適格法人(株)○○は、市の特産品であるシークヮーサーを生産しているが、シークヮーサーは生果としての需要が非常に少ない。そのため、現行の生果生産のみでは、既存の流通経路を用いるほかなく、付加価値を高めづらい状態である。また、近年、シークヮーサーの価格が下落しており、収益が上がらない状況になりつつある。

しかし、シークヮーサーは、独特の酸味や健康面での効用が広く注目されており、市場ニーズに合わせた商品であれば、十分に収益性のある作物である。

また、○田○雄は、タンカンを生産しているが、シークヮーサーと同様に近年価格が下落しており、生果での販売以外の販売方法や商品開発を行う必要があると考えているところである。

4　総合化事業の目標

（1）総合化事業全体の目標

タンカン入りシークヮーサージュースを商品開発・生産するとともに、その新たな販売ルートを構築することによって、経営の多角化・高度化を図り、農業経営に付加価値をとりこむことで、農業経営の改善を図る。

（2）農林漁業経営の改善の目標

①　総合化事業で用いる農林水産物等及び新商品の売上高

現　状（令和2年3月期）

農林水産物等名・新商品名	販売方式	売上高（円）［販売数量(kg)×単価(円/kg)］
シークヮーサー	生果出荷	1200,000円 ［10,000kg×120円/kg］
タンカン	生果出荷	720,000円 ［6,000kg×120円/kg］
	ア：売上高計	1920,000円

目　標（令和5年3月期）

農林水産物等名・新商品名	販売方式	売上高（円）［販売数量(kg)×単価(円/kg)］
シークヮーサー	生果出荷	1,000,000円 ［1,000kg×100円/kg］
	直売	3,200,000円 ［2,000kg×160円/kg］
タンカン	生果出荷	1,000,000円 ［1,000kg×100円/kg］
	直売	1600,000円 ［10kg×160円/kg］
タンカン入りシークヮーサージュース	直売	3,000,000円 ［10,000本×300円/本］ ※シークヮーサー7,000kg、タンカン4,000kg使用
	イ：売上高計	9,800,000円

（注）販売数量の単位については、農林水産物等又は新商品に応じた適切な単位を使用すること。

→［売上高の増加率］510%（=（イ÷ア）×100）

② 農林漁業及び関連事業の所得

【農地所有適格法人　（株）○○】

現　状（令和2年3月期）　（単位：円）

ウ：農林漁業及び関連事業の売上高	2,000,000
エ：経営費	1,500,000
オ：所得（ウ－エ）	500,000

目　標（令和5年3月期）　（単位：円）

カ：農林漁業及び関連事業の売上高	7,000,000
キ：経営費	5,600,000
ク：所得（カ－キ）	1,400,000

→［所得の増加率］280%（=（ク÷オ）×100）

【○田　○雄】

現　状（令和1年12月期）　（単位：円）

ウ：農林漁業及び関連事業の売上高	1,720,000
エ：経営費	1,200,000
オ：所得（ウ－エ）	520,000

目　標（令和4年12月期）　（単位：円）

カ：農林漁業及び関連事業の売上高	4,600,000
キ：経営費	3,200,000
ク：所得（カ－キ）	1,400,000

→［所得の増加率］269%（=（ク÷オ）×100）

（注）②については、申請者ごとに作成し、欄を繰り返し設けて記載すること。
補助金等を含む経常利益ベースで所得を計算することも可。

5　総合化事業の内容
（1）実施内容
①　新商品の開発、生産又は需要の開拓の取組
（株）〇〇が、沖縄県沖縄市〇〇に加工施設を新たに整備し、（株）〇〇の生産しているシークヮーサー及び〇田〇雄の生産しているタンカンをブレンドしたジュースを開発・生産する。
具体的には、令和２年度中にブレンドジュースの商品開発及び加工施設の整備を行い、令和３年度より加工施設を利用したブレンドジュースの生産を行う。
なお、商品開発時には、観光みやげや贈答用にも適した商品となるように検討を行う。

②　新たな販売の方式の導入又は販売の方式の改善の取組
〇田〇雄が沖縄市内に有する倉庫を改築し、直売所を設置し、シークヮーサー及びタンカンの生果及びジュースの販売並びに市内農業者の生産した野菜・果実等の販売を行う。
具体的には、現在、市内農業者に本直売施設での野菜・果実等の販売を打診しているところであり、令和３年度当初より直売施設の整備を行い、同年度中に直売施設での販売を開始する。

③　①又は②の取組を行うために必要な生産の方式の改善の取組
特になし。

（2）実施計画
①　実施体制
責任者　　：〇〇　〇〇（（株）〇〇代表）及び〇田〇雄
商品開発　：□□（（株）〇〇商品開発担当）、〇田〇雄
パッケージデザインに■■（（有）〇〇デザイン）の協力をあおぐ予定。
加工場及び直売所設置：☆☆（（株）〇〇出店担当）
販売促進部：●●（（株）〇〇）ほか２名
（※組織図の添付をもって記載に代えることも可）
②　総合化事業の用に供する施設の整備の内容（別表１）
③　特例措置（別表２）
④　総合化事業を実施するために必要な資金の額及びその調達方法（別表３）

6　総合化事業の実施期間
令和2年6月1日～令和5年6月1日

農薬に関する基礎知識

1 概　　要

農薬とは、農作物を病害虫から守るために使用する薬剤等のことであり、昨今の安全健康志向もあり、農薬に対しては、あまり良い印象はないかもしれません。

もちろん使い方を間違うと大変危険なものですが、我が国においては、「農薬取締法」や「食品衛生法」等の各種の法制度により、さまざまな規制がなされ、適正に使用される場合においては、安全性は確保されるようなしくみとなっています。

したがって、農薬を使用するにあたっては、まずは、これら関連法制度について、しっかりと認識し、適正な使用に努めなければなりません。適正使用されなければ、使用者に対する罰則規定もあります。出荷停止などの措置がなされる場合も考えられます。

さて、本節では、これから農業を始める方に向けて農薬を使用する際に知っておくべき事項や注意点について、解説していきます。

2 農薬の安全性確保のしくみ

農薬の安全性の確保を図るための法律として「農薬取締法」があります。その中心に「登録制度」があり、一部の例外を除き、国（農林水産省）に登録された農薬以外は、製造・輸入・販売・使用できないという仕組みになっています。

登録には厳しい審査があり「病害虫への効果、作物への害、人への毒性、作物への残留性などに関するさまざまな試験成績等を整えて、独立行政法人農林水産消費センター（FAMIC）を経由して農林水産大臣に申請します。新たな農薬の開発には、およそ10年の歳月と数十億円にのぼる経費を必要とするといわれています。」（農水省ホームページより抜粋）

これら審査を経た登録農薬には、作物への残留や水産動植物への影響に関する基準が設定され、この基準を超えないよう使用方法（希釈倍率、使用回数、使用量、使用可能時期など）が定められていますので、使用する際には、定められた使用方法を遵守することが必要になります。

農薬の登録情報については、農林水産消費安全技術センターのホームページの「農薬登録情報提供システム」で調べることができ、登録農薬および失効農薬について見ることができるようになっています。

3 農薬取締法

農薬取締法は、農薬について登録制度を設け、販売および使用の規制を行うことにより、農薬の品質の適正化とその安全かつ適正な使用の確保を図り、国民の健康や生活環境を守るために定められています。

(1) 定　義

ここで、まず、この法律における「農薬」等の用語の「定義」について、確認してみます。

以下の法令に定めがあります。

農薬取締法第２条

この法律において「農薬」とは、農作物（樹木及び農林産物を含む。以下「農作物等」という。）を害する菌、線虫、だに、昆虫、ねずみ、草その他の動植物又はウイルス（以下「病害虫」と総称する。）の防除に用いられる殺菌剤、殺虫剤、除草剤その他の薬剤（その薬剤を原料又は材料として使用した資材で当該防除に用いられるもののうち政令で定めるものを含む。）及び農作物等の生理機能の増進又は抑制に用いられる成長促進剤、発芽抑制剤その他の薬剤をいう。

２　前項の防除のために利用される天敵は、この法律の適用については、これを農薬とみなす。

３　この法律において「農薬原体」とは農薬の原料であって有効成分及びその製造の結果残存する有効成分以外の成分から成るものをいう。

４　この法律において「製造者」とは、農薬を製造し、又は加工する者をいい、「輸入者」とは、農薬を輸入する者をいい、「販売者」とは、農薬を販売（販売以外の授与を含む。以下同じ。）する者をいう。

農薬は、「薬剤」だけではなく「天敵」も「農薬とみなす」とされていますので、本法律の規制が及ぶことになります。また、「殺菌剤」や「殺虫剤」だけでなく、「成長促進剤」「発芽抑制剤」も農薬とされています。同様に規制が及びますので、注意が必要です。

(2)　登録制度

農薬を製造・販売・輸入・使用するためには、農林水産大臣への登録が義務付けられています。このことは、以下の法令に定めがあります。

（農薬の登録）

第3条

製造者又は輸入者は、農薬について、農林水産大臣の登録を受けなければ、これを製造し若しくは加工し、又は輸入してはならない。ただし、その原材料に照らし農作物等、人畜及び水産動植物に害を及ぼすおそれがないことが明らかなものとして農林水産大臣及び環境大臣が指定する農薬（以下「特定農薬」という。）を製造し若しくは加工し、又は輸入する場合、第34条第1項の登録に係る農薬で同条第6項において準用する第16条の規定による表示のあるものを輸入する場合その他農林水産省令・環境省令で定める場合は、この限りでない。

2　前項の登録の申請は、次に掲げる事項を記載した申請書、及び農薬の安全性その他の品質に関する試験成績を記載した書類その他第4項の審査のために必要なものとして農林水産省令で定める資料を提出してこれをしなければならない。（以下省略）

①　氏名（法人の場合にあっては、その名称及び代表者の氏名。以下同じ。）及び住所

②　農薬の種類、名称、物理的化学的性状並びに有効成分とその他の成分との別にその各成分の種類及び含有量

③　適用病害虫の範囲（農作物等の生理機能の増進又は抑制に用いられる薬剤にあっては、適用農作物等の範囲及び使用目的。以下同じ。）及び使用方法

④　人畜に有毒な農薬については、その旨及び解毒方法

⑤　水産動植物に有毒な農薬については、その旨

⑥　引火し、爆発し、又は皮膚を害する等の危険のある農薬については、その旨

⑦　貯蔵上又は使用上の注意事項

⑧　製造場の名称及び所在地

⑨　製造し、又は加工しようとする農薬については、製造方法及び製造責任者の氏名

⑩ 販売しようとする農薬については、その販売に係る容器又は包装の種類及び材質並びにその内容量

登録の申請には「農薬の安全性その他品質に関する試験成績を記載した書類等ならびに農薬の見本を提出して、これをしなければならない」とされ、安全性確保のために、各農薬について試験がなされています。

また、農薬を販売するときには、容器や包装に、製造者や使用方法など法律で定められた事項を記載しなければならないとされています。したがって、農薬を使用するときには、これらの記載を確認した上で、使用することが求められます。

（製造者及び輸入者の農薬の表示）

第 16 条

製造者又は輸入者は、その製造し若しくは加工し、又は輸入した農薬を販売するときは、その容器（容器に入れないで販売する場合にあってはその包装）に次に掲げる事項の真実な表示をしなければならない。ただし、特定農薬を製造し若しくは加工し、若しくは輸入してこれを販売するとき、又は輸入者が、第 34 条第１項の登録に係る農薬で同条第６項において準用するこの条の規定による表示のあるものを輸入してこれを販売するときは、この限りでない。

①　登録番号
②　登録に係る農薬の種類、名称、物理的化学的性状並びに有効成分とその他の成分との別にその各成分の種類及び含有量
③　内容量
④　登録に係る適用病害虫の範囲及び使用方法
⑤　水質汚濁性農薬に該当する農薬にあっては、「水質汚濁性農薬」という文字
⑥　人畜に有毒な農薬については、その旨及び解毒方法
⑦　水産動植物に有毒な農薬については、その旨
⑧　引火し、爆発し、又は皮膚を害する等の危険のある農薬については、その旨
⑨　貯蔵上又は使用上の注意事項
⑩　製造場の名称及び所在地
⑪　最終有効年月

（販売者についての農薬の販売の制限又は禁止等）

第 18 条

販売者は、容器又は包装に第 16 条（第 34 条第６項において準用する場合を含む。以下この条及び第 24 条第１号において同じ。）の規定によ

る表示のある農薬及び特定農薬以外の農薬を販売してはならない。

2　農林水産大臣は、第9条第2項又は第3項（これらの規定を第34条6項において準用する場合を含む。）の規定により変更の登録をし、又は登録を取り消した場合、第10条第1項（第34条第6項において準用する場合を含む。）の規定により変更の登録をした場合その他の場合において、農薬の使用に伴って第4条第1項第4号から第9号まで又は第11号のいずれかに規定する事態が発生することを防止するため必要があるときは、その必要の範囲内において、農林水産省令で定めるところにより、販売者に対し、農薬につき、第16条の規定による容器又は包装の表示を変更しなければその販売をしてはならないことその他の販売の制限をし、又はその販売を禁止することができる。

3　前項の規定により第16条の規定による容器又は包装の表示を変更しなければ農薬の販売をしてはならない旨の制限が定められた場合において、販売者が当該表示をその制限の内容に従い変更したときは、その変更後の表示は、同条の規定により製造者又は輸入者がした容器又は包装の表示とみなす。

4　製造者又は輸入者が製造し若しくは加工し、又は輸入した農薬について第2項の規定によりその販売が禁止された場合には、製造者若しくは輸入者又は販売者は、当該農薬を農薬使用者から回収するように努めるものとする。

(3)　使用に関する規制

農薬の使用については、以下の法令に規制があります。農薬を使用する者は、この規制に従って、適正に使用しなければなりません。

（使用の禁止）

第 24 条

何人も、次の各号に掲げる農薬以外の農薬を使用してはならない。ただし、試験研究の目的で使用する場合、第３条第１項の登録を受けた者が製造し若しくは加工し、又は輸入したその登録に係る農薬を自己の使用に供する場合その他の農林水産省令・環境省令で定める場合は、この限りでない。

① 容器又は包装に第 16 条の規定による表示のある農薬（第 18 条第２項の規定によりその販売が禁止されているものを除く。）

② 特定農薬

（農薬の使用の規制）

第 25 条

農林水産大臣及び環境大臣は、農薬の安全かつ適正な使用を確保するため、農林水産省令・環境省令で、現に第３条第１項又は第 34 条第１項の登録を受けている農薬その他の農林水産省令・環境省令で定める農薬について、その種類ごとに、その使用の時期及び方法その他の事項について農薬を使用する者が遵守すべき基準を定めなければならない。

2　農林水産大臣及び環境大臣は、必要があると認められる場合には、前項の基準を変更することができる。

3　農薬使用者は、第１項の基準（前項の規定により当該基準が変更された場合には、その変更後の基準）に違反して、農薬を使用してはならない。

上記法令に「農薬を使用する者が遵守すべき基準」を「農林水産省令・環境省令に定めなければならない」とあります。ご参考までに関係省令を掲載しておきます。

農林水産省・環境省　令第5号

農薬取締法（昭和23年法律第82号）第12条第1項の規定に基づき、農薬を使用する者が遵守すべき基準を定める省令を次のように定める。

平成15年3月7日

農薬を使用する者が遵守すべき基準を定める省令

（農薬使用者の責務）

第1条　農薬を使用する者（以下「農薬使用者」という。）は、農薬の使用に関し、次に掲げる責務を有する。

① 農作物等に害を及ぼさないようにすること。

② 人畜に被害が生じないようにすること。

③ 農作物等又は当該農作物等を家畜の飼料の用に供して生産される畜産物の利用が原因となって人に被害が生じないようにすること。

④ 農地等において栽培される農作物等又は当該農作物等を家畜の飼料の用に供して生産される畜産物の利用が原因となって人に被害が生じないようにすること。

⑤ 生活環境動植物の被害が発生し、かつ、その被害が著しいものとならないようにすること。

⑥ 公共用水域（水質汚濁防止法（昭和45年法律第138号）第2条第1項に規定する公共用水域をいう。）の水質の汚濁が生じ、かつ、その汚濁に係る水（その汚濁により汚染される水産動植物を含む。）の利用が原因となって人畜に被害が生じないようにすること。

（表示事項の遵守）

第2条　農薬使用者は、食用及び飼料の用に供される農作物等（以下「食用農作物等」という。）に農薬を使用するときは、次に掲げる基準を遵守しなければならない。

① 適用農作物等の範囲に含まれない食用農作物等に当該農薬を使用しないこと。

② 付録の算式によって算出される量を超えて当該農薬を使用しないこと。

③ 農薬取締法施行規則（昭和26年農林省令第21号。以下「規則」という。）第14条第2項第2号に規定する希釈倍数の最低限度を下回る希釈倍数で当該農薬を使用しないこと。

④ 規則第14条第2項第3号に規定する使用時期以外の時期に当該農薬を使用しないこと。

⑤ 規則第14条第2項第4号に規定する生育期間において、次のイ又はロに掲げる回数を超えて農薬を使用しないこと。

イ　種苗法施行規則（平成10年農林水産省令第83号）第23条第3項第1号に規定する使用した農薬中に含有する有効成分の種類ごとの使用回数の表示のある種苗を食用農作物等の生産に用いる場合には、規則第14条第2項第5号に規定する含有する有効成分の種類ごとの総使用回数から当該表示された使用回数を控除した回数

ロ　イの場合以外の場合には、規則第14条第2項第5号に規定する含有する有効成分の種類ごとの総使用回数

2　農薬使用者は、農薬取締法第16条第4号、第9号及び第11号に掲げる事項に従って農薬を安全かつ適正に使用するよう努めなければならない。

（くん蒸による農薬の使用）

第3条　農薬使用者（自ら栽培する農作物等にくん蒸により農薬を使用する者を除く。）は、くん蒸により農薬を使用しようとするときは、毎年度、使用しようとする最初の日までに、次に掲げる事項を記載した農薬使用計画書を農林水産大臣に提出しなければならない。これを変更しようとするときも、同様とする。

① 当該農薬使用者の氏名及び住所

② 当該年度のくん蒸による農薬の使用計画

（航空機を用いた農薬の使用）

第4条　農薬使用者は、航空機（航空法（昭和27年法律第231号）第2条第1項に規定する航空機をいう。）を用いて農薬を使用しようとするときは、毎年度、使用しようとする最初の日までに、次に掲げる事項を記載した農薬使用計画書を農林水産大臣に提出しなければならない。これを変更しようとするときも、同様とする。

①　当該農薬使用者の氏名及び住所

②　当該年度の航空機を用いた農薬の使用計画

2　前項の農薬使用者は、航空機を用いて農薬を使用しようとする区域（以下「対象区域」という。）において、風速及び風向を観測し、対象区域外に農薬が飛散することを防止するために必要な措置を講じるよう努めなければならない。

（ゴルフ場における農薬の使用）

第5条　農薬使用者は、ゴルフ場において農薬を使用しようとするときは、毎年度、使用しようとする最初の日までに、次に掲げる事項を記載した農薬使用計画書を農林水産大臣及び環境大臣に提出しなければならない。これを変更しようとするときも、同様とする。

①　当該農薬使用者の氏名及び住所

②　当該年度のゴルフ場における農薬の使用計画

2　前項の農薬使用者は、ゴルフ場の外に農薬が流出することを防止するために必要な措置を講じるよう努めなければならない。

（住宅地等における農薬の使用）

第6条　農薬使用者は、住宅、学校、保育所、病院、公園その他の人が居住し、滞在し、又は頻繁に訪れる施設の敷地及びこれらに近接する土地において農薬を使用するときは、農薬が飛散することを防止するために必要な措置を講じるよう努めなければならない。

（水田における農薬の使用）

第７条　農薬使用者は、水田において農薬を使用するときは、当該農薬が流出することを防止するために必要な措置を講じるよう努めなければならない。

（被覆を要する農薬の使用）

第８条　農薬使用者は、クロルピクリンを含有する農薬を使用するときは、農薬を使用した土壌から当該農薬が揮散することを防止するために必要な措置を講じるよう努めなければならない。

（帳簿の記載）

第９条　農薬使用者は、農薬を使用したときは、次に掲げる事項を帳簿に記載するよう努めなければならない。

①　農薬を使用した年月日
②　農薬を使用した場所
③　農薬を使用した農作物等
④　使用した農薬の種類又は名称
⑤　使用した農薬の単位面積当たりの使用量又は希釈倍数

さまざまな記載があり、難しいように感じますが、普段の営農においては、まずは、「使用する際、**農薬の容器や包装に記載されている使用方法を確認して、これを守ること**」と「**使用後に帳簿に記載すること**」に注意して実践してください。

帳簿に関しては、「努めなければならない」と努力義務になっていますが、昨今、安全性への要求の高まりから、実際の営農においても、取引先から帳簿の提出を求められることがほとんどですので、記帳は必須となります。

(4) 罰則規定

農薬取締法には罰則規定があり、下記のとおり定めがあります。

農薬の使用者に関しては、第24条、第25条第3項に対する罰則に注意が必要です。つまり、第16条の規定に従った表示のある農薬以外の農薬の使用に関しては罰則の適用があります。

(罰則)

第47条 次の各号のいずれかに該当する者は、3年以下の懲役若しくは100万円以下の罰金に処し、又はこれを併科する。

①② (省略)

③ 第24条又は第25条3項の規定に違反した者

(以下省略)

⑸　無登録農薬と失効農薬の関係

この法律は、平成 14 年 7 月末以降、一部の業者が、無登録農薬を輸入、販売していた事態が発覚した問題等を契機に、法律の見直しが行われ、平成 15 年 3 月 10 日より改正法が施行されています。

主な改正内容は、

①　無登録農薬の製造、輸入、使用の禁止（販売は従来より禁止）
②　農薬使用基準に違反する農薬使用の禁止
③　罰則の強化（違反した場合３年以下の懲役 100 万円以下の罰金、法人は１億円以下の罰金）

特に農薬使用者に対する規制が強化されています。

農薬を使用する者が遵守すべき基準を定める省令
(表示事項の遵守)
第２条　農薬使用者は、食用及び飼料の用に供される農作物等（以下「食用農作物等」という。）に農薬を使用するときは、次に掲げる基準を遵守しなければならない。
(中略)
2　農薬使用者は、農薬取締法第 16 条第 4 号、第 6 号（被害防止方法に係る部分に限る。）第 9 号及び第 11 号に掲げる事項に従って農薬を安全かつ適正に使用するよう努めなければならない。

用語解説 無登録農薬と失効農薬の関係

無登録農薬は、我が国で登録されたことがない農薬であり、改正農薬取締法第24条で「容器又は包装に第16条の規定による表示のない農薬」となっています。つまり、農林水産省の登録番号など決められた表示がない農薬であり、使用が禁止されます。

一方、失効農薬とは、何らかの理由で登録が失効した農薬であり、多くは農薬メーカーの都合で失効になります。これまで農薬登録された農薬の数は約21,000種類あり、このうち16,000種類が失効しています。失効理由は、販売の減少や新しい農薬の開発に伴う整理、企業合併による同種の農薬の整理、登録更新時に国が求める試験種類の増加に伴う負担による撤退などです。農薬は、登録が失効することで使用禁止になるわけではありません。安全性に問題がなければ、登録が失効したことで危険なものに変わるわけではなく、また、購入している使用者が知らないうちに失効し、これを使用して法律違反になるのも不合理です。

しかしながら、安全性に問題があることが判明した農薬は、すでに失効しているものであっても販売禁止農薬に指定することとし、改正農薬取締法では、これを使用禁止にします。また、いつまでも古くなった農薬が使用されることは好ましくなく、改正農薬取締法第25条の農薬使用基準で、有効期限を越えた農薬の使用は行わないように努めることとなりました。

（以上、農林水産省ホームページより一部加工）

4 食品衛生法

農薬の使用に関しては農薬取締法において規制されていますが、使用後に関しては食品（農作物を含む）そのものを規制するものとして、食品衛生法があります。この法律においては、残留農薬等の基準を超えた食品の流通を禁止しています。

(1)　農薬の残留基準

厚生労働省は、食品中に残留する農薬が、人の健康に害を及ぼすことのないように、すべての農薬について残留基準を設定しています。残留基準は、食品安全委員会により人が摂取しても安全と評価した量の範囲で、食品ごとに設定されています。

なお、この農薬の残留基準の設定方法については、厚生労働省のホームページに下記の用語解説のとおり掲載されています。参考までに本書にも掲載します。

(2)　ポジティブリスト制度

平成18年5月29日残留農薬等に関する制度＝ポジティブリスト制度が施行されました。

従前の食品衛生法の規制では、残留基準が設定されていない農薬などが食品から検出されても、その食品の販売などを禁止するなどの措置を

用語解説　**農業の残留基準の設定方法**

農薬等の安全性は、物質の分析結果、動物を用いた毒性試験結果等の科学的なデータに基づき、リスク評価機関である食品安全委員会が、食品健康影響評価（リスク評価）を行います。具体的には、各農薬ごとに、健康への悪影響がないとされる「一日許容摂取量」（ADI）が設定されます。この結果を受けて、厚生労働省では薬事・食品衛生審議会において審議・評価し、食品ごとの残留基準を設定します。（厚生労働省ホームページより引用）

ちなみにADIは、発がん性他各種の安全性試験から、有害な作用の認められない量（無毒性量）を評価し、通常、安全係数を考慮し無毒性量の100分の１に設定されるとのことです。（厚生労働省の資料より）

行うことができませんでした。

そこで、ポジティブリスト制度では、原則すべての農薬等について残留基準（一律基準を含む）をあらかじめ設定し、基準を超えて食品中に残留する場合、その食品の販売等の禁止を行うこととしたものです（原則規制された状態で、使用を認めるものについてリスト化するというもの＝ポジティブリスト、⇔原則規制がない状態で、規制するものについてリスト化するというもの＝ネガティブリスト）。

これは生産農家にとっては厳しい制度であるともいえます。

例えば、残留基準が設定されていない無登録農薬が、一律基準を超えて食品に残留していることが明らかになった場合など、従前では規制できなかった事例についても、規制の対象となります。

なお、国内で使用される農薬等については、農薬取締法等に基づき、適正に使用していれば、残留基準を超える心配はありません。

(3) 法令順守の注意点

これらを踏まえ、生産者が注意するべきことについては、ラベル等を確認して農薬の適正使用を徹底することです。希釈倍率や収穫前日数を間違えると基準超過で食品衛生法違反のおそれもあります。また、万一適用のない作物に使用した場合には、農薬取締法違反と残留基準超過という二重の罰則が適用されることにもなりかねません。

一方、使用していなくても農薬が付着する等の可能性もありますので、不慮の農薬残留に対する注意も必要になります。

その要因としては、

① 隣地農地で散布した農薬がドリフト（次ページ用語解説参照）してきた

② 別の農薬が残ったままの散布器具を使用した

③ 農薬に触れた手指などで作物を扱った

④ 栽培土壌中に残留していた別の農薬が影響した

等が挙げられます

なお、農林水産省より「農薬の飛散による周辺作物への影響防止対策について」との通知が出されています。その中に「個々の農業者が行う農薬の飛散影響防止対策等」があり、ドリフト低減策が掲載されてますのでご確認ください。

用語解説　ドリフト

ドリフトとは、散布された農薬（粒子）が、目的物以外に散布する現象をいいます。

平成17年12月20日　17消安8282　農薬飛散による周辺作物への影響防止対策について

（中略）

2　個々の農業者が行う農薬の飛散影響防止対策等

(1)　病害虫防除については、病害虫の発生や被害の有無にかかわらず定期的に農薬を散布することを見直し、以下の3点の取組からなる総合的病害虫・雑草管理（IPM）に努める。

①　輪作、抵抗性品種の導入や土着天敵等の生態系が有する機能を可能な限り活用すること等により、病害虫・雑草の発生しにくい環境を整える。

②　病害虫発生予察情報の積極的な活用等による病害虫・雑草の発生状況の把握を通じて、防除の要否及び防除適期を適切に判断する。

③　防除が必要と判断された場合には、病害虫・雑草の発生を経済的な被害が生じるレベル以下に抑制するために、多様な防除手段の中から適切な手段を選択し、病害虫・雑草管理に努める。

(2)　病害虫の発生状況を踏まえ、農薬使用を行う場合には、次の事項の励行に努め、農薬の飛散により周辺農作物に被害を及ぼすことがないように配慮する。

①　周辺農作物の栽培者に対して、事前に、農薬使用の目的、散布日時、使用農薬の種類等について、連絡する。

②　当該病害虫の発生状況を踏まえ、最小限の区域における農薬散布に留める。

③　農薬散布は、無風又は風が弱いときに行うなど、近隣に影響が少ない天候の日や時間帯を選ぶとともに、風向き、散布器具のノズルの向き等に注意する。

④　特に、周辺農作物の収穫時期が近いため農薬の飛散による影響が予想される場合には、状況に応じて使用農薬の種類を変更し、飛散が少ない形状の農薬を選択し、又は農薬の散布方法や散布に

用いる散布器具を飛散の少ないものに変更する。

⑤　上記の②から④の対策をとっても飛散が避けられないような場合にあっては、農薬使用者は散布日の変更等の検討を行い、その上でやむを得ないと判断される場合には、周辺農作物の栽培者に対して収穫日の変更、圃場の被覆等による飛散防止対策を要請する。

⑥　以下の項目について記録し、一定期間保管する。

ア．農薬を使用した年月日、場所、対象農作物、気象条件（風の強さ）等

イ．使用した農薬の種類又は名称及び単位面積当たりの使用量又は希釈倍数

⑦　農薬の飛散が生じた場合には、周辺農作物の栽培者等に対して速やかに連絡するとともに、地域組織と対策を協議する。

5 有機 JAS 制度

1 概　要

日本では、これまで有機食品についての統一の基準が決められていなかったため、さまざまな方法で生産されたものが「有機」食品として流通していました。そのことは、農産物に対する安全性や健康指向等に対する消費者の関心の高まりの中、「有機」「減農薬」等の表示が氾濫し、消費者の適正な商品選択に支障を生じさせていました。(農林水産省「有機食品の認証検査制度について」より抜粋)

そこで、「有機的に生産される食品の生産、加工、表示及び販売に係るガイドライン」(コーデックスガイドライン) に準拠して、平成 12 年に農林水産大臣が、改正されたJAS 法に基づき「有機農産物の日本農林規格」を告示し、有機農産物と有機農産物加工食品に関する日本農林規格が定められました。

日本農林規格等に関する法律（JAS 法）

最終改正：平成 29 年 6 月 23 日法律第 70 号

第１章　総則

（目的）

第１条　この法律は、農林水産分野において適正かつ合理的な規格を制定し、適正な認証及び試験等の実施を確保するとともに、飲食料品以外の農林物資の品質表示の適正化の措置を講ずることにより、農林物資の品質の改善並びに生産、販売その他の取扱いの合理化及び高度化並びに農林物資に関する取引の円滑化及び一般消費者の合理的な選択の機会の拡大を図り、もって農林水産業及びその関連産業の健全な発展と一般消費者の利益の保護に寄与することを目的とする。

（定義）

第２条（中略）

2　この法律において「規格」とは、次に掲げる事項についての基準及び当該事項に関する表示（名称及び原産地の表示を含む。以下同じ。）の基準をいい、「日本農林規格」とは、次条の規定により制定された規格をいう。

（中略）

第２章　日本農林規格の制定

（日本農林規格の制定）

第３条　農林水産大臣は、第１条に規定する目的を達成するため必要があると認めるときは、農林物資の種類又は農林物資の取扱い等の方法、試験等の方法若しくは前条第２項第４号に掲げる事項の区分を指定して、これらについての規格を制定する。

（以下省略）

第2章　日本農林規格の制定

（日本農林規格の制定）

第3条　農林水産大臣は、第1条に規定する目的を達成するため必要があると認めるときは、農林物資の種類又は農林物資の取扱い等の方法、試験等の方法若しくは前条第2項第4号に掲げる事項の区分を指定して、これについての規格を制定する。

上記JAS法第3条に基づき、農林水産大臣が以下のとおり告示。有機農産物の日本農林規格は、有機農産物の生産の原則を定めるとともに、生産の方法についての基準を規定しています。

有機農産物の日本農林規格（抜粋）

制　　定　平成12年1月20日農林水産省告示第59号

最終改正　平成29年3月27日農林水産省告示第443号

（目的）

第1条　この規格は、有機農産物の生産の方法についての基準等を定めることを目的とする。

（有機農産物の生産の原則）

第2条　有機農産物は、次のいずれかに従い生産することとする。

(1)　農業の自然循環機能の維持増進を図るため、化学的に合成された肥料及び農薬の使用を避けることを基本として、土壌の性質に由来する農地の生産力（きのこ類の生産にあっては農林産物に由来する生産力を含む。）を発揮させるとともに、農業生産に由来する環境への負荷をできる限り低減した栽培管理方法を採用したほ場において生産すること。

(2)　採取場（自生している農産物を採取する場所をいう。）において、採取場の生態系の維持に支障を生じない方法により採取すること。

同告示の中で、有機農産物の生産の方法の基準については、下記のとおり、詳細に定められています。

有機農産物の日本農林規格（抜粋）

制　　定　平成12年1月20日農林水産省告示第59号
最終改正　平成29年3月27日農林水産省告示第443号

（中略）

（生産の方法についての基準）

第4条　有機農産物の生産の方法についての基準は、次のとおりとする。

事　項	基　準
ほ　場	周辺から使用禁止資材が飛来し、又は流入しないように必要な措置を講じているものであり、かつ、次のいずれかに該当するものであること。 1　多年生の植物から収穫される農産物にあってはその最初の収穫前3年以上、それ以外の農産物にあってはは種又は植付け前2年以上（開拓されたほ場又は耕作の目的に供されていなかったほ場であって、2年以上使用禁止資材が使用されていないものにおいて新たに農産物の生産を開始した場合にあっては、は種又は植付け前1年以上）の間、この表ほ場に使用する種子又は苗等の項、ほ場における肥培管理の項、ほ場又は栽培場における有害動植物の防除の項及び一般管理の項の基準に従い農産物の生産を行っていること。 2　転換期間中のほ場（1に規定する要件に適合するほ場への転換を開始したほ場であって、1に規定する要件に適合していないものをいう。以下同じ。）については、転換開始後最初の収穫前1年以上の間、この表ほ場に使用する種子又は苗等の項、ほ場における肥培管理の項、ほ場又は栽培場における有害動植物の防除の項及び一般管理の項の基準に従い農産物の生産を行っていること。
栽培場	周辺から使用禁止資材が飛来し、又は流入しないように必要な措置を講じているものであり、かつ、栽培開始前2年以上の間、使用禁止資材が使用されていないこと。
採取場	周辺から使用禁止資材が飛来又は流入しない一定の区域であり、かつ、当該採取場において農産物採取前3年以上の間、使用禁止資材を使用していないものであること。

ほ場に使用する種子又は苗等	1　この表ほ場の項、採取場の項、ほ場における肥培管理の項、ほ場又は栽培場における有害動植物の防除の項、一般管理の項、育苗管理の項及び収穫、輸送、選別、調製、洗浄、貯蔵、包装その他の収穫以後の工程に係る管理の項の基準に適合する種子又は苗等（苗、苗木、穂木、台木その他植物体の全部又は一部（種子を除く。）で繁殖の用に供されるものをいう。以下同じ。）であること。 2　1の種子若しくは苗等の入手が困難な場合又は品種の維持更新に必要な場合は、使用禁止資材を使用することなく生産されたものを、これらの種子若しくは苗等の入手が困難な場合又は品種の維持更新に必要な場合は、種子繁殖する品種にあっては種子、栄養繁殖する品種にあっては入手可能な最も若齢な苗等であって、は種又は植付け後にほ場で持続的効果を示す化学的に合成された肥料及び農薬（別表1又は別表2に掲げるものを除く。）が使用されていないものを使用することができる（は種され、又は植え付けられた作期において食用新芽の生産を目的とする場合を除く。）。 3　1及び2に掲げる苗等の入手が困難な場合であり、かつ、次のいずれかに該当する場合は、植付け後にほ場で持続的効果を示す化学的に合成された肥料及び農薬（別表1又は別表2に掲げるものを除く。）が使用されていない苗等を使用することができる。 (1)　災害、病虫害等により、植え付ける苗等がない場合 (2)　種子の供給がなく、苗等でのみ供給される場合 4　1から3までに掲げる種子又は苗等は、組換えDNA技術を用いて生産されたものでないこと。また、1及び2に掲げる種子については、コットンリンターに由来する再生繊維を原料とし、製造工程において化学的に合成された物質が添加されていない農業用資材に帯状に封入されたものを含む。
種　　菌	1　この表栽培場の項、採取場の項、栽培場における栽培管理の項、ほ場又は栽培場における有害動植物の防除の項、一般管理の項及び収穫、輸送、選別、調製、洗浄、貯蔵、包装その他の収穫以後の工程に係る管理の項の基準に適合する種菌又は以下に掲げる種菌であること。 2　この表栽培場における栽培管理の項1又は2に掲げる資材により培養された種菌。ただし、これらの種菌の入手が困難な場合は、栽培期間中、使用禁止資材を使用することなく生産された資材を使用して培養された種菌を使用することができる。

	3　2の種菌の入手が困難な場合は、天然物質又は化学的処理を行っていない天然物質に由来する資材を使用して培養された種菌を使用することができる。 4　2及び3に掲げる種菌の入手が困難な場合は、別表3の種菌培養資材を使用して培養された種菌を使用することができる。 5　1から4までに掲げる種菌は、組換えDNA技術を用いて生産されたものでないこと。
ほ場における肥培管理	当該ほ場において生産された農産物の残さに由来する堆肥の施用又は当該ほ場若しくはその周辺に生息し、若しくは生育する生物の機能を活用した方法のみによって土壌の性質に由来する農地の生産力の維持増進を図ること。ただし、当該ほ場又はその周辺に生息し、又は生育する生物の機能を活用した方法のみによっては土壌の性質に由来する農地の生産力の維持増進を図ることができない場合にあっては、別表1の肥料及び土壌改良資材（製造工程において化学的に合成された物質が添加されていないもの及びその原材料の生産段階において組換えDNA技術が用いられていないものに限る。以下同じ。）に限り使用すること又は当該ほ場若しくはその周辺以外から生物（組換えDNA技術が用いられていないものに限る。）を導入することができる。
栽培場における栽培管理	きのこ類の生産に用いる資材にあっては、次の1から3までに掲げる基準に適合していること。ただし、堆肥栽培きのこの生産においてこれらの資材の入手が困難な場合にあっては、別表1の肥料及び土壌改良資材に限り使用することができる。 1　原木、おがこ、チップ、駒等の樹木に由来する資材については、過去3年以上、周辺から使用禁止資材が飛来せず、又は流入せず、かつ、使用禁止資材が使用されていない一定の区域で伐採され、伐採後に化学物質により処理されていないものであること。 2　樹木に由来する資材以外の資材については、以下に掲げるものに由来するものに限ること。 (1)　農産物（この条に規定する生産の方法についての基準に従って栽培されたものに限る。） (2)　加工食品（有機加工食品の日本農林規格（平成17年10月27日農林水産省告示第1606号）第4条に規定する生産の方法についての基準に従って生産されたものに限る。） (3)　飼料（有機飼料の日本農林規格（平成17年10月27日農林水産省告示第1607号）第4条に規定する生産の方法についての基準に従って生産されたものに限る。）

	⑷　有機畜産物の日本農林規格（平成17年10月27日農林水産省告示第1608号）第4条に規定する生産の方法についての基準に従って飼養された家畜及び家きんの排せつ物に由来するもの 3　2の⑴に掲げる基準に従ってきのこ類を生産する過程で産出される廃ほだ、廃菌床等については、これらを堆肥、飼料等に再利用することにより自然循環機能の維持増進が図られていること。
ほ場又は栽培場における有害動植物の防除	耕種的防除（作目及び品種の選定、作付け時期の調整、その他農作物の栽培管理の一環として通常行われる作業を有害動植物の発生を抑制することを意図して計画的に実施することにより、有害動植物の防除を行うことをいう。）、物理的防除（光、熱、音等を利用する方法、古紙に由来するマルチ（製造工程において化学的に合成された物質が添加されていないものに限る。）若しくはプラスチックマルチ（使用後に取り除くものに限る。）を使用する方法又は人力若しくは機械的な方法により有害動植物の防除を行うことをいう。）、生物的防除（病害の原因となる微生物の増殖を抑制する微生物、有害動植物を捕食する動物若しくは有害動植物が忌避する植物若しくは有害動植物の発生を抑制する効果を有する植物の導入又はその生育に適するような環境の整備により有害動植物の防除を行うことをいう。）又はこれらを適切に組み合わせた方法のみにより有害動植物の防除を行うこと。ただし、農産物に重大な損害が生ずる危険が急迫している場合であって、耕種的防除、物理的防除、生物的防除又はこれらを適切に組み合わせた方法のみによってはほ場における有害動植物を効果的に防除することができない場合にあっては、別表2の農薬（組換えDNA技術を用いて製造されたものを除く。以下同じ。）に限り使用することができる。
一般管理	土壌、植物又はきのこ類に使用禁止資材を施さないこと。
育苗管理	育苗を行う場合（ほ場において育苗を行う場合を除く。）にあっては、周辺から使用禁止資材が飛来し、又は流入しないように必要な措置を講じ、その用土として次の1から3までに掲げるものに限り使用するとともに、この表ほ場における肥培管理の項、ほ場又は栽培場における有害動植物の防除の項及び一般管理の項の基準に従い管理を行うこと。 1　この表ほ場の項又は採取場の項の基準に適合したほ場又は採取場の土壌 2　過去2年以上の間、周辺から使用禁止資材が飛来又は流入せず、かつ、使用されていない一定の区域で採取され、採取後においても使用禁止資材が使用されていない土壌 3　別表1の肥料及び土壌改良資材

収穫、輸送、選別、調製、洗浄、貯蔵、包装その他の収穫以後の工程に係る管理	1　この表ほ場の項、栽培場の項、採取場の項、ほ場に使用する種子又は苗等の項、種菌の項、ほ場における肥培管理の項、栽培場における栽培管理の項、ほ場又は栽培場における有害動植物の防除の項、一般管理の項又は育苗管理の項の基準（以下「ほ場の項等の基準」という。）に適合しない農産物が混入しないように管理を行うこと。 2　有害動植物の防除又は品質の保持改善は、物理的又は生物の機能を利用した方法（組換えDNA技術を用いて生産された生物を利用した方法を除く。以下同じ。）によること。ただし、物理的又は生物の機能を利用した方法のみによっては効果が不十分な場合には、以下の資材に限り使用することができる。 (1)　有害動植物の防除目的別　表2の農薬及び別表4の薬剤（ただし、農産物への混入を防止すること。） (2)　農産物の品質の保持改善目的　別表5の調製用等資材（組換えDNA技術を用いて製造されていないものに限る。） 3　放射線照射を行わないこと。 4　この表ほ場の項等の基準及びこの項1から3までに掲げる基準に従い生産された農産物が農薬、洗浄剤、消毒剤その他の資材により汚染されないように管理を行うこと。

2 有機JAS制度

(1) 有機JAS制度のしくみ（農林水産省「有機農産物検査認証制度ハンドブック」より一部抜粋）

① 登録認定機関の登録

農林水産大臣は、認定機関からの申請を受け、JAS法に定められた基準に基づいて審査を行い、登録認定機関として登録します。

② 認定事業者の認定

登録された登録認定機関は、有機農産物の生産農家や加工食品の製造業者からの認定の申請を受け、認定の技術的基準に基づいて審査を行い、認定します。

この認定は書類審査および実地検査により、

(ア) ほ場または加工場が有機の生産基準（上述の有機JAS規格）を満たしていること

(イ) 当該規格に則して生産できるよう生産管理や生産管理記録の作成が適切に行うことができること

を確認することにより行います。

登録認定機関が、国が定めたルール（有機JAS規格や技術的基準等）を守っているかどうかについて生産者を検査し、生産者を認定していきます。

③ 認定事業者の調査

登録認定機関は、認定を行った生産農家や製造業者が認定後も有機JAS規格に基づいて生産を行っていることを確認するため、最低1年に1回、調査を行います。

④ 認定事業者による格付け

認定を受けた有機農産物の生産農家や加工食品の製造業者は、生産・製造過程の記録等に基づいて自ら生産・製造した食品に有機JASマークを貼付して市場に供給します。

有機農産物及び有機飼料（調製又は選別の工程のみを経たものに限る）についての生産行程管理者及び外国生産行程管理者の認定の技術的基準

制　　定　平成17年11月25日農林水産省告示第1830号
最終改正　平成30年3月29日農林水産省告示第687号

１　生産及び保管に係る施設

１　生産に係る施設

(1)　ほ場、栽培場又は採取場が、有機農産物の日本農林規格（平成17年10月27日農林水産省告示第1605号。以下「有機農産物規格」という。）第４条の表ほ場の項、栽培場の項又は採取場の項の基準に適合していること。ただし、多年生の牧草を生産する場合にあっては、ほ場の項基準の欄１の「多年生の植物から収穫される農産物にあってはその最初の収穫前３年以上」とあるのは、「多年生の牧草にあってはその最初の収穫前２年以上」と読み替えるものとする。

(2)　育苗を行う場所が、有機農産物規格第４条の表ほ場の項又は育苗管理の項の基準に適合していること。

２　保管に係る施設

有機農産物規格第４条の表収穫、輸送、選別、調製、洗浄、貯蔵、包装その他の収穫以後の工程に係る管理の項の基準に従い管理を行うのに支障のない広さ、明るさ及び構造であり、適切に清掃されていること。

２　生産行程の管理又は把握の実施方法

１　**3**の２に規定する生産行程管理責任者に、次の職務を行わせること。

(1)　生産行程の管理（外注管理（生産行程の管理の一部を外部の者に委託して行わせることをいう。以下同じ。）を含む。以下同じ。）又は把握に関する計画の立案及び推進

第３章
農業法人の運営

⑵　生産行程の管理において外注管理を行う場合にあっては、外注先の選定基準、外注内容、外注手続等当該外注に関する管理又は把握に関する計画の立案及び推進

⑶　生産行程に生じた異常等に関する処置又は指導

2　次の事項（採取場において有機農産物又は有機飼料（調製又は選別の工程のみを経たものに限る。以下同じ。）を採取する場合にあっては、⑴から⑶に掲げる事項を除く。）について、内部規程を具体的かつ体系的に整備していること。

⑴　種子、苗等（苗、苗木、穂木、台木その他植物体の全部又は一部（種子を除く。）で繁殖の用に供されるものをいう。）又は種菌の入手に関する事項

⑵　スプラウト類を栽培施設で生産する場合にあっては、種子の殺菌の入手に関する事項

⑶　肥培管理、栽培管理、有害動植物の防除、一般管理及び育苗管理に関する事項

⑷　生産に使用する機械及び器具に関する事項

⑸　収穫、輸送、選別、調製、洗浄、貯蔵、包装その他の収穫以後の工程に係る管理に関する事項

⑹　苦情処理に関する事項

⑺　年間の生産計画の策定及び当該計画の認定機関（登録認定機関又は登録外国認定機関をいう。以下同じ。）への通知に関する事項

⑻　生産行程の管理又は把握の実施状況についての認定機関による確認等の業務の適切な実施に関し必要な事項

3　内部規程に従い生産行程の管理又は把握を適切に行い、その管理又は把握の記録及び当該記録の根拠となる書類を格付した有機農産物又は有機飼料の出荷の日から1年以上保存すること。

4　内部規程の適切な見直しを定期的に行い、かつ、従業員に十分周知することとしていること。

3　生産行程の管理又は把握を担当する者の資格及び人数

1　生産行程管理担当者

生産行程の管理又は把握を担当する者（以下「生産行程管理担当者」という。）として、次のいずれかに該当する者が1人以上（当該生産行程管理者が複数の生産及び保管に係る施設を管理し、又は把握している場合には、当該施設の数、分散の状況等に応じて適正な生産行程の管理又は把握を行うのに必要な人数以上）置かれていること。

⑴　学校教育法（昭和22年法律第26号）による大学若しくは旧専門学校令（明治36年勅令第61号）による専門学校以上の学校で農業生産に関する授業科目の単位を取得して卒業した者又はこれらと同等以上の資格を有する者であって、農業生産又は農業生産に関する指導、調査若しくは試験研究に1年以上従事した経験を有するもの

⑵　学校教育法による高等学校若しくは中等教育学校若しくは旧中等学校令（昭和18年勅令第36号）による中等学校を卒業した者又はこれらと同等以上の資格を有する者であって、農業生産又は農業生産に関する指導、調査若しくは試験研究に2年以上従事した経験を有するもの

⑶　農業生産又は農業生産に関する指導、調査若しくは試験研究に3年以上従事した経験を有する者

2　生産行程管理責任者

⑴　生産行程管理担当者が1人置かれている場合にあっては、その者が生産行程管理責任者として、認定機関の指定する講習会（以下「講習会」という。）において有機農産物又は有機飼料の生産行程の管理又は把握に関する課程を修了していること。

⑵　生産行程管理担当者が複数置かれている場合にあっては、生産行程管理担当者の中から、講習会において有機農産物又は有機飼料の生産行程の管理又は把握に関する課程を修了した者が、生産行程管理責任者として1人選任されていること。

4　格付の実施方法

1　次の事項について、格付に関する規程（以下「格付規程」という。）を具体的かつ体系的に整備していること。

⑴　生産行程についての検査に関する事項

⑵　格付の表示に関する事項

⑶　格付後の荷口の出荷又は処分に関する事項

⑷　格付に係る記録の作成及び保存に関する事項

⑸　格付の実施状況についての認定機関による確認等の業務の適切な実施に関し必要な事項

2　格付規程に従い格付及び格付の表示に関する業務を適切に行い、その結果、格付の表示が適切に付されることが確実と認められること。

3　名称の表示が、有機農産物にあっては有機農産物規格第5条に定める方法で、有機飼料にあっては有機飼料の日本農林規格（平成17年10月27日農林水産省告示第1607号）第5条に定める方法で適切に行われることが確実と認められること。

5　格付を担当する者の資格及び人数

1　格付担当者

格付を担当する者（以下「格付担当者」という。）として、3の1の⑴から⑶までのいずれかに該当する者であって、講習会において有機農産物又は有機飼料の格付に関する課程を修了したものが1人以上（当該生産行程管理者が複数の生産及び保管に係る施設を管理し、又は把握している場合には、当該施設の数、分散の状況等に応じて適正な格付を行うのに必要な人数以上）置かれていること。

2　格付責任者

格付担当者が複数置かれている場合には、格付担当者の中から、格付責任者として1人選任されていること。

⑵　監視体制

上記の③認定事業者の調査に述べたことと重複しますが、登録認定機関は、認定事業者が基準に適合しているか、また格付けや表示が適正に行われているかどうかを、定期的に調査しています。

例えば、登録認定機関の検査員は、生産者の農場に行って状況を確認したり、農薬や肥料などの買い付けの記録を確認したりして詳細な検査を行っています。

また、農林水産省および㈱農林水産消費安全センターは、認定事業者に対し、立入検査および調査、市販品の買上げ調査を行います。

⑶　有機 JAS 認定取得の方法

有機 JAS 規格は、有機農産物、有機加工食品、有機飼料および有機畜産物の４品目４規格が定められています。そのうち、有機農産物および有機加工食品については、有機 JAS 規格に合格したものでなければ、商品に「有機」や「オーガニック」と表示することはできません。

自社の農産物に「有機」や「オーガニック」と表示して有利販売展開を考える場合、有機 JAS 認定の取得は必須ともいえます。もちろん安全安心な農産物を提供することが最大の目的ですが、これを裏付ける公的な証明として、ビジネス戦略として、認定を取得するということも視野に入れてみてもよいかもしれません。

それでは、有機 JAS 認定の取得の方法について、解説していきます。
(参考資料 : 農林水産省「はじめての人のための有機 JAS 規格」)

①　登録認定機関

農産物等に有機 JAS マーク（次ページ用語解説参照）を表示して販売するためには、登録認定機関より認定事業者としての認定を受ける必要があります。

認定取得のためには、登録認定機関を決める必要がありますので、品目や地域に応じて、選択してください。

農林水産省ホームページ
登録認定機関一覧　http://www.maff.go.jp/j/jas_kikaku/yuuki_kikan.html

②　認定基準の確認

認定を取得したい農林物資の種類について、有機JAS規格や認定の技術的基準を確認して、自らの管理システムや組織（例:人員、資格要件)、施設（例:生産や製造、流通施設の条件、広さ）がこれらの基準を満たしているかを確認してください。

(a)　**有機農産物の認定基準**

・有機農産物の日本農林規格
・有機農産物および有機飼料（調製または選別の工程のみを経たものに限る）についての生産行程管理者および外国生産行程管理者の認定の技術的基準

(b)　**有機加工食品の認定基準**

・有機加工食品の日本農林規格
・有機加工食品および有機飼料（調製および選別の工程以外の工程を経たものに限る）についての生産行程管理者および外国生産行程管理者の認定の技術的基準

用語解説　有機JASマーク

有機JASマークは、太陽と雲と植物をイメージしたマークになっており、農薬や化学肥料などの化学物質に頼らないで、「自然界の力で生産された食品を」ということを表しています。農産物や畜産物の他、これらを原料とした加工食品にも付けられています。

(c)　**有機畜産物の認定基準**

・有機畜産物の日本農林規格
・有機畜産物についての生産行程管理者および外国生産行程管理者の認定の技術的基準

(d)　**有機飼料の認定基準**

・有機飼料の日本農林規格
・有機農産物および有機飼料（調製または選別の工程のみを経たものに限る）についての生産行程管理者および外国生産行程管理者の認定の技術的基準
・有機加工食品および有機飼料（調製および選別の工程以外の工程を経たものに限る）についての生産行程管理者および外国生産行程管理者の認定の技術的基準

③　申請書類の作成、提出

申請書の様式を登録認定機関から入手し、必要事項を記入し、添付書類をそろえて提出してください。

登録認定機関は、申請書に欠落がないかを確認し、かつその内容を見て受理可能かどうかを判断します。なお、提出された申請書に不足の資料があった場合や、JAS法施行規則（第46条第１項第１号ハ）により申請を受理できないことになっている事業者（設定を取り消され、その設定の取消の日から１年を経過していない事業者など）の場合は申請が受理されません。

④　書類審査

登録認定機関は申請書類を受理後、登録認定機関が指名した検査員が申請書類の記載内容が認定基準に適合していることを確認するために書類審査が行われます。

審査の過程では、申請者に対して質問を行ったり、不適合については、その程度に応じて改善の指摘が行われたり、申請書の再提出が求められたりする場合があります。

⑤　実地調査

実地調査では、登録認定機関の審査員がほ場や保管倉庫など現場へ赴き、申請書の内容と現場の様子や実施状況が一致しているか、また、認定の技術的基準を満たしているかの調査をします。

実地調査では、内部規程、格付規程、地図などの書類や資料などの申請書の内容と管理記録、証拠書類、施設の状況などの実施状況に相違がないかの確認が行われます。

そして、実地調査において基準を満たしていない状態であれば、登録認定機関から事業者に対して改善指摘事項が提示されるので、期限までに是正を完了させます。通常、是正の状況は審査員に報告し、審査員は是正内容を報告書に盛り込み登録認定機関に提出します。

⑥　判　　定

登録認定機関は、書類審査、実地調査の結果をもとに、判定委員会などによって申請内容が「認定の技術的基準」を満たしているかどうかを判断します。判定結果は、結果にかかわらず申請者に通知され、不適合の場合はその理由も伴わせて通知されます。さらに、その判定結果に異議がある場合は、申請者は異議申立ての手続きをすることもできます。

⑦　認定書の交付

判定の結果、基準を満たしていると認められた事業者は、「認定事業者」となります。また、認定事業者には認定証が交付されます。

⑧　認定取得後

認定事業者は、認定を取得後も引き続き認定基準に適合している状態を保つことが求められます。登録認定機関は、認定後も引き続き認定基準に適合していることを確認するための調査を定期的に行います。調査の結果、不適合が確認された場合、改善を行う必要があります。なお、改善されない状態が続いた場合は、認定が取り消されることもあります。

著者略歴

田中 康晃（たなか やすあき）

田中やすあき行政書士事務所　行政書士
合同会社エースクール　代表社員

1972年4月29日生まれ。明治大学法学部法律学科卒。
一部上場企業を経て、2006年3月に田中やすあき行政書士事務所設立。以来、企業の農業参入や農業生産法人設立等、農業分野に関する手続代行やコンサルティングを専門とする。年間相談件数は200件を超える。
2009年6月全国農業関係行政書士コンサルタント協議会を設立。行政書士等の専門家向けに、農業法手続きやコンサルティングに関する定期研修会を開催。
2012年6月合同会社エースクールを設立。神戸市で企業として農業参入を行い、農業経営、経営分析とともに、新規就農を考える方向けの農業塾の運営を行う。
その他、毎日テレビニュースVOICE、読売テレビ報道番組、TBS「私の何がいけないの」にて農地専門家として出演、神戸新聞、農業専門誌等、メディアにも多数出演している。

ホームページ
　http://agrisupport.jp（田中やすあき行政書士事務所）
　http://aschool.info（合同会社エースクール）

3訂版

新規農業参入の手続と
農地所有適格法人の設立・運営

平成26年5月20日 初版発行
令和2年5月20日 3訂初版
令和4年5月10日 3訂2刷

検印省略

〒101-0032
東京都千代田区岩本町1丁目2番19号
https://www.horei.co.jp/

著 者 田 中 康 晃
発行者 青 木 健 次
編集者 岩 倉 春 光
印刷所 倉 敷 印 刷
製本所 国 宝 社

(営 業) TEL 03-6858-6967 Eメール syuppan@horei.co.jp
(通 販) TEL 03-6858-6966 Eメール book.order@horei.co.jp
(編 集) FAX 03-6858-6957 Eメール tankoubon@horei.co.jp

(オンラインショップ) https://www.horei.co.jp/iec/
(お詫びと訂正) https://www.horei.co.jp/book/owabi.shtml
(書籍の追加情報) https://www.horei.co.jp/book/osirasebook.shtml

※万一、本書の内容に誤記等が判明した場合には、上記「お詫びと訂正」に最新情報を掲載しております。ホームページに掲載されていない内容につきましては、FAX またはEメールで編集までお問合せください。

ISBN 978-4-539-72750-8